化学物質管理担当者
のための

海外
製品環境規制
対応の実務

［著］林 宏

Q&A

第一法規

はしがき

　EU REACH 規則が施行された2007年当時、筆者はヨーロッパ系認証機関の日本法人で唯一代理人のビジネスの立ち上げをしていました。

　化学物質の登録については SIEF の形成と運用など、これまでにない仕組みに対して手探り状態のところがあり、成形品の対処についても具体的な細部の運用などが決められている、ということがなかったこともあって、条文解釈についても諸説紛々でした。

　ヨーロッパ本社の担当者からは「自分に都合のよいように解釈してよいが、結果はすべて自己責任とするのがヨーロッパ流」としばしば言われ、ECHAからガイダンス文書が発行され始めても「あれは行政庁の見解だから参考程度でよい」とのコメント。ECHA 自体からも当時、「ECHA は行政府なので解釈について問い合わせされても答えません。裁判所に聞いてください。ガイダンス文書も法的強制力はありません」といったアナウンスがされていました。

　今となってみれば、成形品については法整備の不備による大混乱状態だったのではないかとも思いますし、有名な成形品の分母問題は裁判にもなっています。このような中で具体的な課題を一つひとつ潰していって、コンセンサスを少しずつ得ながら、妥当と思われる対応に落ち着いていったと思います。

　本書は、このようにして得られた事柄を踏まえて、はじめての実務の際に迷いやすいと思われる項目を中心に解説しています。EU REACH 規則、米国TSCA などの法規についての枠組みの基礎はある程度理解されていることを前提にしていますので、これらの法令等に関しては別途その法令の成書などをご参照ください。

できあがってみると自身の力のなさを思い知らされるようで汗顔の至りですが、現在の化学物質管理の実務対応について少しでも参考になるものになればよいと考えております。

2024年11月1日

林　宏

本書の内容現在日：2024年11月1日（原則）

目　　次

はしがき

第1章　化学物質管理の枠組み

1．化学物質と化学物質管理

Q1　化学物質管理とはどのようなものでしょうか。…2

Q2　社内で化学物質の管理を開始することになりましたが、最初にすべきことは何でしょうか。…4

Q3　化学物質管理の法令にはどのように対処すればよいでしょうか。…6

2．化学物質管理のライフステージとは

Q4　化学物質管理のライフステージとはどのようなものでしょうか。…7

Q5　化学物質管理のライフステージと法令の枠組みの関係はどのようなものになるでしょうか。…9

Q6　化学物質管理の対象となるものはどのようなものでしょうか。…12

Q7　化学物質の定義について教えてください。…13

Q8　混合物の定義について教えてください。…14

Q9　成形品の定義について教えてください。…15

Q10　化学物質、混合物、成形品の互いの関連性はどのようなものでしょうか。…16

3．各ライフステージでの実務概要―①化学物質

Q11　化学物質を製造・輸入するための法令対応のおおよその流れはどのようなものでしょうか。…18

v

Q12　化学物質の特定について教えてください。…19

Q13　EU の POPs 規則についてペルフルオロオクタン酸（PFOA）とその塩及び PFOA 関連物質が規制対象となっています。官報の CAS No の欄には、335-67-1 and others と記載があるものの、PFOA とその塩及び PFOA 関連物質の具体的な CAS No が例示されていません。EU 当局より、具体的な物質が例示されているのでしょうか。…20

Q14　化学物質のインベントリ上の確認方法について教えてください。…22

Q15　新規化学物質と既存化学物質について教えてください。…24

Q16　新規化学物質の登録手続きはどのようなものでしょうか。…26

Q17　EU REACH 規則での既存化学物質の登録について教えてください。…27

Q18　登録後の維持管理についての方法を教えてください。…28

4．各ライフステージでの実務概要―②使用

Q19　SDS の役割とはどのようなものでしょうか。…29

Q20　SDS を用いたリスクアセスメントとはどのようなものでしょうか。…30

Q21　リスクアセスメントの実施はどの程度必要なのでしょうか。…31

5．各ライフステージでの実務概要―③製品含有

Q22　成形品の法対応はどのようなものでしょうか。…32

Q23　指定化学物質含有のどのような情報を川下使用者に伝達すればよいでしょうか。…34

目 次

第 2 章 海外製品環境規制

1．製造・輸出入に関する Q&A－①化学物質

Q24 化学物質の製造・輸入を開始するときに最初にやるべきことは何でしょうか。…36

Q25 多成分系物質の場合のインベントリ確認例を教えてください。…39

Q26 UVCB の場合のインベントリ確認例を教えてください。…41

Q27 化学品の製造や輸出入を開始しようとしています。化学物質の登録手続きの開始時期はいつ頃にすればよいでしょうか。…42

Q28 「少量新規化学物質」のための化学物質管理の制度の概要を教えてください。…43

Q29 「少量新規化学物質」の数量枠を超える時はどのように対応すればよいでしょうか。…45

Q30 製造・輸出の際に必要な「登録」は誰がすべきでしょうか。…47

Q31 （EU REACH 規則でない場合：代理人制度なし）国内調達した化学物質を輸出しようと思いますが、海外の仕向先国での登録を化学物質製造者に依頼することは可能でしょうか。…49

Q32 （EU REACH 規則の場合：代理人制度あり）国内調達した化学物質を輸出しようと思いますが、海外の仕向先国での登録を化学物質製造者に依頼することは可能でしょうか。…51

Q33 EU REACH 規則における使用用途の重要性と取扱いについて教えてください。…53

Q34 EU REACH 規則で既存化学物質はどのように登録すればよいでしょうか。…54

Q35 「少量新規化学物質」などの制度を利用して化学物質を「登録」した場合に、その化学物質を海外供給者から輸入できるでしょうか。…55

vii

Q36 化学物質管理規則の適用除外の制度はどのようなものでしょうか。…56

Q37 SDS は誰が発行すべきでしょうか。輸出入の際の SDS の取扱いについて教えてください。…57

Q38 EU に輸出する製品のラベルと SDS には、EUH コードの記載は、義務となるのでしょうか。…59

２．製造・輸出入に関する Q&A―②混合物

Q39 混合物の化学物質管理規則対応の概要はどのようなものでしょうか。…61

Q40 （EU REACH 規則でない場合：代理人制度なし）混合物を輸出入する際のポイントを教えてください。…63

Q41 （EU REACH 規則の場合：代理人制度あり）混合物を輸出入する際のポイントを教えてください。…65

Q42 混合物を輸出入する際の輸入国（仕向先国）向け SDS 入手のポイントについて教えてください。…67

３．成形品の対応（EU REACH 規則等）

Q43 化学物質管理規則における成形品の対応の考え方について教えてください。…69

Q44 成形品を EU へ輸出する場合の対応について概要を教えてください。…71

Q45 CLS を把握するためにはどのような対応が必要でしょうか。…72

Q46 把握した CLS の EU REACH 規則における届出とはどのようなものでしょうか。…74

Q47 対象となる "物体" が、化学品か成形品か立て分けするにあたっての基準はあるでしょうか。…75

Q48　化学物質・混合物（化学品）から成形品へ変換された直後の成形品とはどのようなものがあるでしょうか。…77

Q49　化学物質・混合物（化学品）か成形品か、立て分けの判断がつかないものについてはどのように取り扱うのでしょうか。…78

Q50　電子部品であるコンデンサーは複合成形品と位置付けできると思われますが、一つひとつの構成部品の CLS の含有について調べて届出しなければならないでしょうか。…79

Q51　工作機械の摺動部など、機械内部に塗布された潤滑油について、どのように法対応する必要があるでしょうか。…80

Q52　認可について、CLS（SVHC）・認可対象物質はどのように決まるのでしょうか。…81

Q53　海外から EU に輸入する場合に成形品に認可対象物質が含まれていても対象外という認識ですが、EU 加盟国から他の EU 加盟国に成形品をさらに輸出した場合も対象外でしょうか。…83

Q54　CLS のサプライチェーン上の情報開示はどのようなものでしょうか。…85

Q55　新たに指定された CLS の含有を確認するためにサプライチェーンを通して調査した結果、含有していることが判明した場合は SCIP に届出することになりますか。…86

Q56　EU REACH 規則の制限物質、例えば Entry28〜30の具体的な対象物質の探し方について教えてください。…88

Q57　規制物質指定に際して、グループ名・総称名で指定されているものがありますが、成形品の含有状況を把握するにあたってどの程度の範囲で調査すればよいでしょうか。…90

Q58　各国の化学物質管理規則における成形品の規制について教えてください。…92

Q59　化審法において、成形品はどのように定義、規制がされていますか。…95

Q60　成形品に対する化学物質の関わり方として EU REACH 規則では使用・組込み・含有の 3 つの言葉があるようです。それぞれの意味を教えてください。…100

Q61　日中欧米の化学物質管理規則における成形品の定義はどのようなものでしょうか。…102

第 3 章　化学物質管理規則による規制物質の指定

Q62　最近は規制物質が次から次へと指定されていますが、どのような仕組みで決定されるのでしょうか。…104

Q63　化学物質を規制するにあたっての危険有害性とはどのようなものでしょうか。…106

Q64　ストックホルム条約によって度々規制物質が追加され、業務への影響が大きいです。どのような仕組みで規制物質が決まるのでしょうか。…108

Q65　日本の化審法の規制物質はどのように決まるのでしょうか。…110

Q66　EU REACH 規則の規制物質はどのように決まるのでしょうか。…114

Q67　米国 TSCA の規制物質はどのように決まるのでしょうか。…119

Q68　規制物質への対応を早めに開始したいと考えています。どの程度早めることができるでしょうか。…124

Q69　規制物質に対して設定される、各国のばく露許容量はどのようなものがあるでしょうか。…125

Q70　EU の今後の化学物質管理は、どのような方向性になるでしょうか。…126

Q71　最近の規制物質の例について教えてください。…128

〈参考情報〉…137
索引…139
〈著者略歴〉…142

第 1 章

化学物質管理の枠組み

1．化学物質と化学物質管理

化学物質管理とはどのようなものでしょうか。

Ⓐnswer

　化学物質管理とは化学物質のリスクを管理することです。化学物質のリスクはその危険有害性と使用用途によって決定されます。ここに挙げた2つの要素、危険有害性と使用用途ですが、危険有害性は化学物質そのものが持つ特性であり、使用用途は人に対するばく露や環境への放出を決定するものです。
　もっと簡単にいえば、化学物質は一定の危険有害性を持ちますが、その使用用途によってリスクは異なることになります。実際の使用にあたって安全な使用を確実にするために、その方法を工夫することによる「リスク管理」をして安全に使用するということが実際には必要になるところです。

　このようなリスク管理は法令によるものとなっており、日本の化学物質の審査及び製造等の規制に関する法律（化審法）やEUのREACH規則のようないわゆる化学物質管理規則がこのような法令にあたるでしょう。

　これらの法令によって、どのような化学物質が製造・輸入・上市・販売・使用等されているのかが管理され、さらに危険有害性を有する化学物質はその程度に応じて、製造の禁止や使用の制限などの規制が課され、使用におけるリスクについても使用用途によるばく露の面から必要に応じて規制されています。
　また、使用者の安全を確保するという側面からいえば、使用者が労働者の場合、日本では労働安全衛生法など労働関連の法規で規制されています。

　化学物質管理規則は、ある化学物質について多様な使用用途に対するリスク

管理を実施するものとなっていますが、一方で医療や食品分野のような使用用途がある程度決定されており、化学物質の厳格なリスク管理が求められるものについては、その特有のリスクを管理するための個別の法令が制定されています。

Q2
社内で化学物質の管理を開始することになりましたが、最初にすべきことは何でしょうか。

Answer

化学物質管理の入口に立つにあたって必須なことは、「化学物質」を「化学物質」として認識することです。

身の回りのモノや私たち自身もすべて「化学物質」であることはいうまでもないかもしれませんが、この視点に立って業務を見直してみることで「気付き」があるかもしれません。

身の回りのモノや私たち自身も含めてすべて「化学物質」といっても、一方で人工的に合成されたものだけが「化学物質」とする認識や、自然物で作ったから「化学物質」ではないといった文言も目にすることはあります。宣伝広告などならばこのような言い回しも成り立つのかもしれませんが、「化学物質」を管理しようとするときには視点を変える必要があるでしょう。

全く事務処理だけが業務である企業・事務所でも、例えば給湯室に洗剤や漂白剤が常備されていると思われますが、これらは化学物質管理上の「混合物」として扱われています。例えば漂白剤でも「次亜塩素酸ナトリウム」が使用され強いアルカリ性であるものは、皮膚腐食性や眼に対する重篤な損傷性を持ち、さらに酸性物質と混触することにより塩素ガスが発生し重大な事故を引き起こす可能性があります。これらの情報は容器に貼付されているラベルで確認できるでしょう。

家庭用品として身の回りにあるモノでも職場で使用すれば労働関連法規、化

第 1 章　化学物質管理の枠組み

学物質では特に労働安全衛生法の下に管理して法令遵守することが必要になる
場合もあります。

　言い換えれば家庭用品である「漂白剤」にも化学物質としての「リスク」が
あり、その「リスク」を管理する必要性があることに「気付き」が要求される
ことになります。このようなことは塗料・インクや潤滑油等にも当てはまり、
最初の情報源はこれらのラベルの記載事項となるでしょう。

　身の回りにある、何気ない家庭用品等のラベルを注意深く確認することが職
場の化学物質管理を推進するきっかけになるかもしれません。職場環境ならば
ラベルだけでなくさらに安全データシート（SDS：Safety Data Sheet）を供給
者から取り寄せてその内容を確認していくことで広がりを持たせることもでき
るでしょう。

5

Q3

化学物質管理の法令にはどのように対処すればよいでしょうか。

Ⓐnswer

　化学物質管理の法令に適切に対処するためには、まず法令の枠組みを知る必要があります。ここでいう枠組みとはその法令が管理する範囲と管理項目などを意味し、法令に沿って処理すべき事由をその枠組みにあてはめることが、法令への対処の第一歩になるでしょう。

　法令でできた枠組みは抽象的なものであり、一方で実務の対象となる事由は具体的なものであるという関係になります。抽象的な枠組みに具体的な事由をあてはめていく作業が法令対応の実務だともいえるでしょう。

　枠組みにどのようにあてはめるかは、その判断のために具体的事由の（1）対象者、（2）対象物、（3）手続きの3つの要素に分けて考えることができます。

図表1-1　法令の枠組み

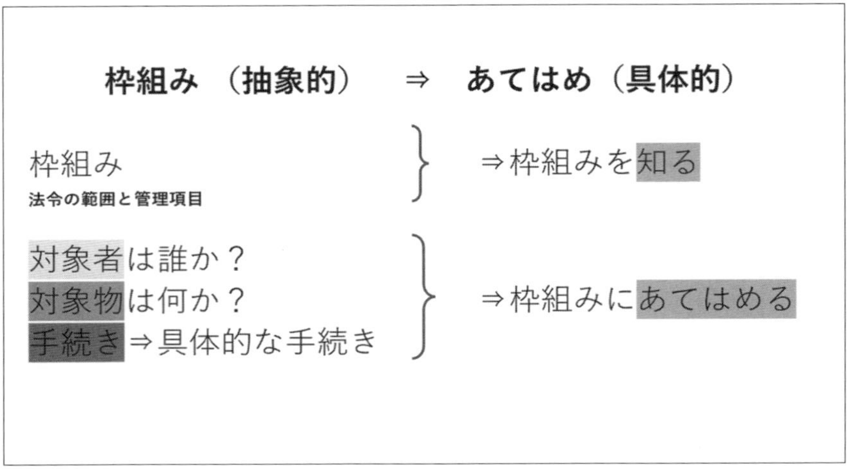

枠組み　（抽象的）　⇒　あてはめ（具体的）
枠組み **法令の範囲と管理項目**　　　　　｝　⇒枠組みを知る
対象者は誰か？ 対象物は何か？　　　　　　　｝　⇒枠組みにあてはめる 手続き⇒具体的な手続き

第1章　化学物質管理の枠組み

2．化学物質管理のライフステージとは

化学物質管理のライフステージとはどのようなものでしょうか。

Ⓐnswer

法令の枠組みを知るために、まず化学物質管理のライフステージを考えてみましょう。

化学物質管理のライフステージは、大きく分けて（1）化学物質が製造される段階、（2）化学物質の使用によって素材・化学品へ変換される段階、（3）化学物質が組み込まれた最終製品（消費者製品・耐久消費財など）が使用に供される段階、（4）最後に廃棄・3R の段階の4つからなるといえるでしょう。

図表1-2　化学物質管理のライフステージ

化学物質管理のライフステージ
（1）化学物質の製造
（2）素材・化学品への変換
（3）消費者製品・耐久消費財など最終製品の使用
（4）3R（リユース・リデュース・リサイクル）・廃棄

ライフステージの最初は、化学物質を世に創り出す製造の工程になります。例えば、原油や鉱石から精製等の処理を経て、合成技術によってさらに複雑な化学物質を得ています。

次の段階としては、得られた化学物質を使用して素材・化学品へ変換する段階です。この段階では化学物質に機能を持たせるために、化学物質を混合して、塗料・接着剤・グリースのようないわゆる配合品を得たり、ポリマーを合成したりすることなども含まれるでしょう。

次は、素材・化学品を使用して最終製品に変換する工程となります。この段階で化学物質は消費者製品や耐久消費財へ組み込まれ、身の回りの自動車や電

7

気電子製品などに姿を変えることになります。

　最後に、このような消費者製品や耐久消費財は3R（リユース・リデュース・リサイクル）、廃棄されてライフステージは終了します。

Q5
化学物質管理のライフステージと法令の枠組みの関係はどのようなものになるでしょうか。

Answer

　法令の枠組みは、化学物質管理のライフステージに沿って作られています。厳密に各法令がライフステージにぴったりと沿っているとはいえないかもしれませんが、法令の枠組みと実務の流れの関係を理解する上で役に立つものになるでしょう。

　化学物質が製造される段階を範囲とする法令は、いわゆる化学物質管理規則、日本の化審法や米国のTSCA、EUのREACH規則などがこれにあたるでしょう。化学物質を製造し上市するための基本となる法令ですので、ライフステージの最初に遵守するべきものとなります。化学物質管理規則は、その化学物質の物理的化学的性状や人・健康影響、環境影響などの安全性を把握すること、これらのデータの政府への届出等による化学物質の登録義務付け、化学物質インベントリ（政府のデータベース）への収載を管理します。また化学物質のリスク管理のための基本的なデータを提供する役割も果たします。

　次の素材・化学品への変換をする段階、いわば化学物質を使用する段階を範囲とする法令は、使用する際の人の安全な環境の保全を目的とするものとなります。例えば職場にあっては労働安全関連の法令を挙げることができるでしょう。労働安全関連の法令は職場の安全や労働者の保護を目的とすることになりますが、そのためにSDSの作成・配布、リスクアセスメントの実施、リスクアセスメントの結果を受けたリスク管理を義務とする法令となります。

　このように取得した素材・化学品を消費者製品・耐久消費財などへの組み込

む段階では、素材・化学品が最小単位の部品に姿を変えていく段階といえるでしょう。ここで素材・化学品は成形品に変換されるということになります。さらに製造された成形品である部品同士がそれぞれ結合されることによって最終製品となっていきます。そしてその用途に応じた使用に供され、生活の中で一定の役割を果たしていくことになります。

　成形品になった段階で化学物質としてのリスクは大幅に低減することが通常で、管理すべきリスクはむしろ成形品としての機能そのものが対象となっていきます。例えば最終製品として、自動車なら自動車の、電気電子製品なら電気電子製品そのものの機能がリスク管理すべき対象としてクローズアップされることになります。そのための法令もその固有の使用用途に即したものになるでしょう。ただし、一部の化学物質管理規則、例えば、EU REACH 規則のように成形品の化学物質としての側面についてリスク管理を求める法令もあります。

　成形品の機能が寿命を迎え、その役割を果たし終えれば、最終段階の3R・廃棄となり、それぞれリサイクルや廃棄物の関連法規の範囲となります。

第1章　化学物質管理の枠組み

図表1-3　化学物質管理のライフステージと法令

ライフステージ	法令の例	内容
（1）化学物質の製造	化学物質管理規則 最初、化学物質を創出する場合に適用される法令 例：化審法・EU REACH規則など	・化学物質の登録（政府に届出）とインベントリの収載 ・リスク管理のための基礎的データの取得
（2）素材・化学品への変換	化学物質を使用するための法令 例：労働安全関連法規（職場の安全を確保する）など	・SDSの作成・配布 ・リスクアセスメントの実施 ・リスク管理
（3）消費者製品・耐久消費財など最終製品（成形品）の製造・使用 自動車 電気電子製品 医療機器 食品包装材料	道路運送車両法 電気用品安全法 医薬品、医療機器等の品質、有効性及び安全性の確保等に関する法律（医薬品医療機器等法） 食品衛生法	・それぞれの製品機能のリスク管理をする法令 ・EU REACH規則では成形品の化学物質としてのリスク管理もその範囲とする
（4）3R・廃棄	特定家庭用機器再商品化法（家電リサイクル法） 廃棄物の処理及び清掃に関する法律（廃掃法）等	・リサイクルに供する ・有害化学物質の拡散や移動を抑止・防止する

11

Q6

化学物質管理の対象となるものはどのようなものでしょうか。

Answer

　化学物質管理規則では、化学物質がその管理の基礎的な管理単位とされています。ライフステージに沿って、化学物質、混合物、成形品と姿を変えていきます。

　化学物質は、化学物質管理規則での管理の単位になっていますが、その例として、身の回りにあるものでいえば、混じりけのない「水」を思い浮かべるかもしれません。混合物は化学物質が混合されたもので、洗剤や接着剤、塗料を挙げることができるでしょう。成形品は部品や最終的な製品を指します。

　法令の対応のためには、化学物質、混合物、成形品をなんとなく区別するのではなく、それぞれがどのように法令の中で定義されているかを確認する必要があります。詳細は次頁以降の Q&A で解説します。

Q7
化学物質の定義について教えてください。

Answer

化学物質を端的にいえば私たちの身の回りにあるものすべてであって、私たちの身体も化学物質からできています。そのため、化学物質管理規則では、法令としての性質上、その目的に沿った管理のために適切な定義が必要となります。要するに法令の目的に従った化学物質の範囲を限定するわけです。

化学物質管理規則である化審法やEU REACH規則の定義を以下に挙げます。

■化審法（日本）
「化学物質」とは、元素又は化合物に化学反応を起こさせることにより得られる化合物（放射性物質及び次に掲げる物を除く。）をいう。（第2条第1項）
■REACH規則（EU）
物質とは、化学元素及び自然の状態での、又はあらゆる製造プロセスから得られる化学元素の化合物をいう。（第3条第1項を筆者翻訳）

日本の化審法は、その目的を化学物質による環境汚染の防止に置いており、はじめから自然界に存在する化学物質をその対象範囲としておらず、その定義には「化学反応を起こさせることにより」といった、法令の対象となる化学物質の範囲を狭める限定的な条件を設定していることが特徴的です。

一方で労働安全衛生法の化学物質の範囲は「元素及び化合物」とされています。これは使用者がその使用する化学物質すべてが法令の範囲に入らないと労働安全衛生法という法令の目的を達成することができないからである、と考えられます。

Q8
混合物の定義について教えてください。

Answer

混合物は化学物質を混合したものです。より狭い意味では、化学物質を意図的に混合したものともいえるでしょう。通常、単一の化学物質に含まれる不純物を考慮に入れて、混合物とする取扱いはしません。

市場に出回っている化学品（化学物質及び混合物）の80％程度は混合物といわれており、代表的なものとして洗剤や接着剤等がありますが、化学物質管理規則上の管理としては、成分物質それぞれについて法規対応しなければなりません。

化学物質管理規則がその管理単位を化学物質に置いている以上、その管理は成分物質ごとによるものになるわけですが、それだけに法令上の定義がなされていないことも多いです。ここではしっかりと条項として規定されているEU REACH規則での定義を示します。

> 混合物とは、2つもしくはそれ以上の化学物質から構成される混合物又は溶液を指す。（第3条第2項を筆者翻訳）

第 1 章　化学物質管理の枠組み

Q9
成形品の定義について教えてください。

Answer

　化学物質管理規則が成形品を本格的にその範囲としたのは、EU REACH 規則がその最初といえるでしょう。化学物質管理規則は、化学物質のリスク管理を規定するものであり、成形品をその範囲とするということは、成形品を化学物質としてリスク管理することを目的とすることになります。ただし成形品の全体をその構成する成分物質ごとに混合物として管理することは、技術的な困難さ、コスト等も含んだリスク管理の効果を考えればあまり現実的ではないと思われます。

　以下に EU REACH 規則における成形品の定義を挙げます。

> その機能への寄与が、化学物質そのものの性状よりも表面状態や形状によるところが大きいもの（第 3 条第 3 項を筆者翻訳）

　この定義は、機能に注目して「化学物質そのものの性状」よりも「表面状態や形状によるところ」が上回っているとみなされており、成形品を使用した場合に「化学物質そのものの性状」がリスクとして発現する可能性は比較的低いものと位置付けられていると考えることもできるでしょう。

　このような背景のもとで EU REACH 規則での管理対象は、意図的放出物、含有している有害化学物質とされている、と理解することができます。

> ①意図的放出物（化学物質として取り扱う）
> ②含有している有害化学物質（高懸念物質：CLS（SVHC）※）

※CLS：Candidate List Substances
　SVHC：Substances of Very High Concern

Q10

化学物質、混合物、成形品の互いの関連性はどのようなもので
しょうか。

Ⓐnswer

Q7～9で説明してきたように、化学物質、混合物、成形品はそれぞれが独
立しているものではなく、ライフステージに沿って姿を変えてきたものである
といえます。また、このライフステージに沿った化学物質、混合物、成形品へ
の変化は、サプライチェーンの流れでもあるといえるでしょう。このように化
学物質から混合物、混合物から成形品への流れはお互いに結びついているもの
です。

この中で重要なポイントは、化学物質・混合物から成形品への変換工程を明
確にしておくことでしょう。

法令対応の内容としては、化学物質・混合物ではリスク管理のためのデータ
の取得、これらのデータを基礎とする、化学物質のいわゆる「登録」が主なも

図表1-4　化学物質・混合物から成形品への変換工程

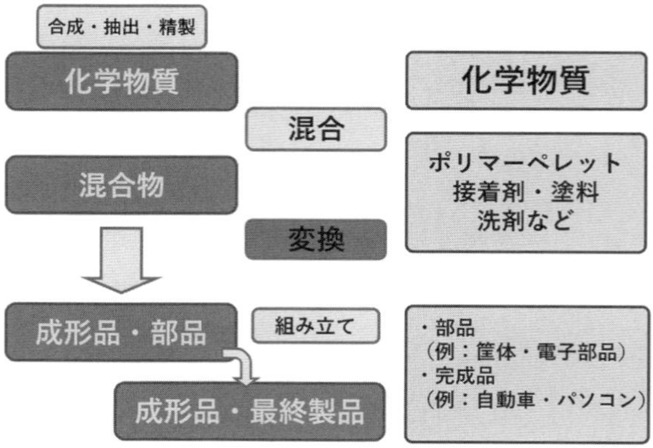

のとなります。一方で、成形品で定められた手続きとしては、成形品に含有する化学物質を把握し、その存在を届出等することであり（EU REACH 規則）、通常登録するためのデータの取得と提出まで求められるものではなく、法令対応のためのアクションが大きく異なります。

　このように化学物質・混合物（化学品）と成形品の法令対応の実際は大きく異なることになります。

3. 各ライフステージでの実務概要―①化学物質

Q11

化学物質を製造・輸入するための法令対応のおおよその流れはどのようなものでしょうか。

Answer

化学物質を製造・輸入するために必須なことは、その化学物質が政府のインベントリに存在していることです。政府のインベントリとは、本質的にその国で製造・輸入される化学物質のデータベースですが、要するに政府がその国の中にどのような化学物質があるか把握するためのものとなっています。このインベントリにある化学物質（既存化学物質）には、その化学物質の物理的化学的性状や人・健康影響、環境影響などの安全性データに基づいて様々な規制がされることになります。

インベントリにない化学物質（新規化学物質）は、適用除外などの特別な措置を受けていない限り、製造・輸入はできません。そのような化学物質を製造・輸入するためには、いわゆる「登録」を経てインベントリにその化学物質が収載されるように「手続き」をすることが義務とされています。

インベントリに収載されている化学物質は、日本の化審法や米国 TSCA のような法令では製造・輸入することが可能です。ただし EU REACH 規則をはじめとして、台湾、韓国で施行されている REACH 的な規則については既存化学物質であっても「登録」手続きが必要になります。

また、化学物質管理規則以外の法令により、製造に係る許可や輸入通関の申請等が要求される場合もありますので注意が必要です。

18

第 1 章　化学物質管理の枠組み

Q12

化学物質の特定について教えてください。

Ⓐnswer

　化学物質の法令対応は、対象物質のインベントリ収載有無を確認することから始まりますので、そのために対象物質を正確に特定することが大変重要になります。化学物質の特定方法としては、名称によるものか、番号によるものかの大きく2つに分かれますが、番号を付与して、その番号によって物質を特定、照合する方法がより実務的といえるでしょう。名称による方法は、名称そのものがその化学物質の構造を示すなどの利点がありますが、様々な命名法があり同一物質でも見かけ上異なる名称になる、名称が長くなりがちで照合するには不便で間違いも生じやすい、などの欠点もあってか、番号による方法が主に用いられています。

　一方では、法令上の物質を総称名で指定する方法も通常に用いられているという状況もあります。（⇒Q57）

　物質特定のための番号として、世界共通に利用されている米国化学会のCAS番号が周知されています。また、各国の化学物質管理規則ではその法令の管理による番号が付与されています。日本の化審法では官報公示整理番号（化審法番号）により特定情報が整理されています。

　物質特定の例として「酸化クロム」を示します。

図表1-5　酸化クロムの例

総　称　名：クロム及びその化合物（総称名は労働安全衛生法による）
名　　　称：酸化クロム（総称名に含まれる化合物の1つ）
CAS 番号：1308-38-9
化審法番号：1-284

19

Q13

EUのPOPs規則について、ペルフルオロオクタン酸（PFOA）とその塩及びPFOA関連物質が規制対象となっています。官報のCAS Noの欄には、335-67-1 and othersと記載があるものの、PFOAとその塩及びPFOA関連物質の具体的なCAS Noが例示されていません。EU当局より、具体的な物質が例示されているのでしょうか。

Answer

ストックホルム条約（POPs条約）（⇒Q64）とは、環境中での残留性、生物蓄積性、人や生物への毒性が高く、長距離移動性が懸念される残留性有機汚染物質（POPs：Persistent Organic Pollutants）の、製造及び使用の廃絶・制限、排出の削減、これらの物質を含む廃棄物等の適正処理等を規定している条約です。条約を締結している加盟国は、対象となっている物質について、各国がそれぞれ条約を担保できるように国内の諸法令で規制しますが、EUではPOPs規則がこのような法令に該当し、対象となった物質は同規則附属書Ｉの収載が公告されています。

POPs規則附属書ＩでのPFOAとその塩及びPFOA関連物質の定義は以下の通りになります。

（筆者翻訳）

「ペルフルオロオクタン酸（PFOA）、その塩及びPFOA関連化合物」とは、次のものを意味する。

（i）ペルフルオロオクタン酸（その分岐異性体を含む。）

（ii）その塩

第1章　化学物質管理の枠組み

(ⅲ) PFOA 関連化合物とは、条約の目的上、PFOA に分解する物質で、構造
要素の 1 つとして（C_7F_{15}）C を部分とする直鎖状又は分岐したペルフル
オロヘプチル基を有する物質（塩及びポリマーを含む）を含む。

（以下、略）

　POPs 規則が適用される物質の範囲は上記法文の定義に合致するものすべて
となり、例示された CAS 番号等によって一概に特定されるものではありませ
ん。ただし、これでは法対応に不便ですので、参考情報として行政府である
ECHA が名称、CAS 番号、EC 番号をリストとして示しています。このリス
トにしても法で定義した物質の範囲をすべてカバーできるものではなく、物質
の該非については随時、定義と照合して判断することが要求されます。

〈参考〉

・欧州連合ウェブサイト

https://eur-lex.europa.eu/legal-content/EN/TXT/HTML/?uri=CELEX:320
20R0784&from=EN

Q14

化学物質のインベントリ上の確認方法について教えてください。

Answer

　例えば、化審法のインベントリは「既存化学物質名簿」と呼ばれており、冊子体も出版されていますが、現代ではインターネットを経由してデータベースにアクセスすることが一般的でしょう。このようなデータベースとして独立行政法人製品評価技術基盤機構（NITE）が運用する「化学物質総合情報提供システム（NITE-CHRIP）」が広く知られています。化審法だけでなく、労働安全衛生法や特定化学物質の環境への排出量の把握等及び管理の改善の促進に関する法律（化管法）等の化学物質を取り扱う主な法令についての情報も得ることができます。

　またEUではECHAから「Search for chemicals」として情報の提供がされています。

〈参考〉
・独立行政法人製品評価技術基盤機構ウェブサイト「化学物質総合情報提供システム（NITE-CHRIP）」
　https://www.chem-info.nite.go.jp/chem/chrip/chrip_search/systemTop
・ECHA ウェブサイト「Search for chemicals」
　https://echa.europa.eu/information-on-chemicals

第1章 化学物質管理の枠組み

図表1-6　化学物質総合情報提供システム「NITE-CHRIP」

出典：独立行政法人製品評価技術基盤機構ウェブサイト
https://www.chem-info.nite.go.jp/chem/chrip/chrip_search/systemTop

Q15

新規化学物質と既存化学物質について教えてください。

Ⓐnswer

　その法令のインベントリに収載されている化学物質は、その法令における既存化学物質といい、それ以外の物質を新規化学物質といいます。法令によって厳密な取扱いの差はありますが、概念としてはこのような理解でよいでしょう。

　このような2種類の立て分けができた理由としては、化学物質管理規則が施行・運用される以前から製造・上市されていた化学物質ももちろん数多くあったため、「このような物質についても、法令ができたので、登録しなければ明日から製造はできません」というわけにはいかないので、施行後でもこれまで通りに上市できる仕組みにした、ということです。施行後に新たに上市されることになった物質は「新規化学物質」と呼ぶことになりましたが、「新規」といっても必ずしも世の中で初めて現出した、という意味ではないことがよくわかると思います。

　このように、インベントリに収載されていない新規化学物質は、インベントリに収載する手続きをしなければ、製造・輸入の開始や上市をすることができません。インベントリに収載する手続きのことを「登録」や「届出」と呼びます。

　一方、すでにインベントリに収載されている既存化学物質は、通常、誰でも製造・輸入を開始して上市することができます。ただし、既存化学物質であってもEU REACH規則では登録が要求されていますので、登録手続きが完了した後でなければ製造・輸入、上市はすることができません。EU REACH規則

に類似の法令は韓国、台湾でも施行されており、同様に既存化学物質の登録が要求されます。

Q16

新規化学物質の登録手続きはどのようなものでしょうか。

Answer

　新規化学物質の登録は、その物質の物理的化学的性状や人・健康影響、環境影響についてのデータを所管官庁へ提出し、審査を受けて受理されればインベントリに収載されるという手順が標準的なものでしょう。

　データの要求は、数量帯によって、数量が増えるほど詳細なものになり、その分、コストや時間もかかるようになります。（⇒Q29）

　どのようなデータが要求されるかはQ29に概要を記載していますのでご参照ください。

　新規化学物質がインベントリに収載された後は、既存化学物質として取扱いされることになり、Q15にあるように誰でも製造・輸入ができることになりますが、すると最初に新規化学物質として登録した者はデータ取得に多額の費用をかけたにもかかわらず、すぐに他者も製造・輸入、上市することができることになってしまいます。これでは最初登録した者にはあまりにも不公平なので、様々な措置がとられています。

　例えば、インベントリ収載後に一定期間その事実を公開しないで最初登録者の権利を保護するものや（化審法では5年間）、新規化学物質が登録されても既存化学物質としない取扱いをするもの（K-REACH）があります。EU REACH規則では既存化学物質の登録も要求されますので、後発登録者はデータを共有して登録しますが、この際にデータ取得コストも共有することが標準的な手順となっています。

第1章　化学物質管理の枠組み

Q17

EU REACH 規則での既存化学物質の登録について教えてください。

Ａnswer

　EU REACH 規則では既存化学物質も登録しなければならず、登録すべき対象者はその物質の製造者・輸入者ごととされています。

　手順としては、同一物質を登録しようとする製造者・輸入者で１つのフォーラムを結成し、登録に必要なデータのワンセットを取得し、そのためのコストについてもこれを合意した登録者間で共有して、そのデータに基づいて登録をします。EU REACH 規則については、現時点で既存化学物質の登録は一巡して、EU におけるすべての既存化学物質のデータは整備（一部、未取得分あり）されている状態です。したがって、製造・輸入を開始しようとする場合には、原則的に、すでにあるデータセットの共有をフォーラムの承諾の下で自社分の共有コストを支払うことで、登録に必要なデータが利用可能になります。これに基づいて登録書類を作成・提出し、受理されれば手続きを完了することができます。

　以上は最も標準的な手順となりますが、例外措置も様々に認められており、サプライチェーンの秘密保持、自社データ非開示での登録も可能となっています。

27

Q18

登録後の維持管理についての方法を教えてください。

Answer

　化学物質の登録手続きの完了後はその維持管理が必要になります。登録手続きでは化学物質に対する「リスク管理」を目的の中心として、危険有害性に関するデータや使用用途とばく露の把握等が求められましたが、登録後であってもこれらの情報は維持されなければなりません。

　製造・輸入量については、登録時のデータ要求の程度を決定する基礎の１つでもあり、環境中の放出量等に影響することもあって、定期的に製造・輸入量を届出する仕組みを化学物質管理規則は持っています。例えば化審法では一般化学物質届出として毎年度、その前年度実績を届出する運用がされており、米国 TSCA では４年に一度の届出が課されます（Section 8：いわゆる CDR（Chemical Data Reporting）届出）。この CDR 届出の仕組みを拡張して PFAS（Per- and polyfluoroalkyl substances）の届出（2025年実施予定）が義務とされました。

　また、登録の際に指定された数量帯を超える実績が予定される場合に、必要となるデータが追加されるので、これを新たに取得して提出するといったことは普通に要求されるところです。

　危険有害性の新たな知見や取得したデータについては、都度提出し、また新たな使用用途があればそれに対応するリスクアセスメントの実施が求められます。

　特に EU REACH 規則では、新たな使用用途があればそれに対応するリスクアセスメントの実施は厳しく要求され、CSR（化学品安全報告書）の提出が義務となることがありますが、そもそも使用用途が登録文書に含まれていなければ、その使用用途での使用をすることはできない、とされています。

第1章　化学物質管理の枠組み

4．各ライフステージでの実務概要―②使用

Q19

SDS の役割とはどのようなものでしょうか。

Ⓐnswer

　SDS は、化学物質・混合物（化学品）が持つ危険有害性についての情報をその使用者の安全を担保するために提供する書類で、危険有害性があるとされた化学品について、供給側での作成と配布が法令によって多数の国々で義務付けられています。また、供給を受ける川下使用者（ダウンストリームユーザー）等が実際に職場で化学品を使用する場合に実施するリスクアセスメントのための必須な情報が記述されている文書となっています。

　さらに、化学物質管理としての法定された SDS の目的とは別に、輸出入の際に化学品の内容やその性状についての情報を提供し、関係機関でチェックするための書類としても機能しています。このために、化学品の危険有害性の有無にかかわらず SDS の作成・配布が通常求められることがデファクトスタンダードとなっています。

　このように SDS には法定された使用者の安全を担保しリスクアセスメントの情報を提供する役割、また、法令遵守（主に輸送規則等）に必要な情報を提供する役割の2つが主にあります。

　また、化学物質の包装容器等に直接貼付されるラベルはこの SDS 第2項の「危険有害性の要約」として、ピクトグラムなどが含まれる内容を主に記載したものとなっています。

Q20

SDS を用いたリスクアセスメントとはどのようなものでしょうか。

Ⓐnswer

　リスクアセスメントは、端的にいえば、その物質の持つ危険有害性に対して、意図する使用用途のために、危険有害性からくるばく露限界値を超えないよう、使用方法を検討することです。

　要するにリスクアセスメントは危険有害性とばく露を天秤にかけて、ばく露がその限界値を超えないような使用方法を見出すことですが、危険有害性と使用方法の2つの要素のうち、危険有害性は物質ごとに特有のものであり、物質を代替しない限り変化させることはできませんから、より安全な使用方法を工夫することで化学物質の人へのばく露や環境への放出をできうる限り低減させて安全な使用方法を確保することが主な対策となってきます。

　SDSには利用可能なばく露限界値とその根拠となる危険有害性の指標や安全性評価の結果が示されます。使用者は実際の使用時のばく露を把握して、使用方法の改善等の必要な方策をとることができます。

第1章　化学物質管理の枠組み

Q21

リスクアセスメントの実施はどの程度必要なのでしょうか。

Answer

　リスクアセスメントの結果を反映させて、ばく露限界値を超えない安全な使用方法を決定して、その結果を守っていくことをリスク管理と呼ぶことができるでしょう。

　リスクアセスメントでは、2つの要素である危険有害性（ハザード）と使用方法の両面から検討し、より低い危険有害性の物質に代替することがより望ましいあり方とされています。しかし、実際に使用している物質を危険有害性があるからといって、より危険有害性の低い物質に代替することは容易ではなく、実際には使用方法のみを工夫する対策になっていると思われます。

　法令で定められたリスク管理の対象物質は、ある一定程度以上の危険有害性を有するものとして指定されたものとなるので、義務としてリスクアセスメント実施の必要性があることは確定的です。しかし、実際に職場等で使用する化学物質は、このような指定された化学物質に限りませんので、このような物質のリスクアセスメントについては自主的な管理にまかされることになります。とはいえ、化学物質には基本的に危険有害性がない、ということはありえませんので、リスクアセスメントを実施することが強く望まれるところです。

　リスクアセスメントの結果は、継続的なリスク管理に反映させなければならないのは自明のことでしょう。

31

5．各ライフステージでの実務概要―③製品含有

Q22

成形品の法対応はどのようなものでしょうか。

Ａnswer

　最初に成形品を本格的にその適用範囲とした法令は、EU REACH 規則といってよく、このため成形品の化学物質管理対象としての法令対応は主に EU REACH 規則へ向けてのものとなっています。EU REACH 規則での要求は以下の3点となります。

　1．意図的放出物の登録
　2．指定化学物質含有の把握と届出
　3．指定化学物質含有の川下使用者への情報提供

　この中で指定化学物質とは高懸念物質（SVHC：Substances of Very High Concern）の性状を持つ認可対象候補物質（CLS：Candidate List Substances）です。

　SVHC の性状は以下の通りです。
（1）　CMR（発がん性、変異原性、生殖毒性物質）区分1、2
（2）　PBT（難分解性、生物蓄積性、毒性物質）
（3）　vPvB（極めて難分解性、高生物蓄積性）
（4）　内分泌かく乱物質
（5）　その他懸念物質

　EU REACH 規則以外の法令への対応としても、指定化学物質含有の把握と

届出が主なものとなっていると考えられます。

　指定化学物質含有の把握と届出のためには、その情報をサプライチェーンで共有することが必要となりますが、対象となる成形品は、化学物質・混合物（化学品）から成形品への変換工程の直後のものをその管理単位とすることが原則ですので、変換工程を扱う製造者がその情報発信の起点となることが通常です。

　これらの情報を伝達するツールとして、ChemSHERPA や IMDS（自動車業界）を代表的なものとして挙げることができます。

〈参考〉
・ChemSHERPA（アーティクルマネジメント推進協議会（JAMP）ウェブサイト）
　https://chemsherpa.net/
・IMDS（DXC テクノロジー・ジャパン株式会社ウェブサイト）
　https://public.mdsystem.com/ja/web/imds-public-pages

Q23

　指定化学物質含有のどのような情報を川下使用者に伝達すればよいでしょうか。

Ⓐnswer

　EU REACH 規則第33条での規定は、成形品に含まれる物質に関する情報伝達の義務ですが、ここで伝達すべき情報は安全使用のための十分な情報（少なくとも物質名を含む）とされていますので、物質名のみを伝達すれば法令遵守のための必要最低限の情報として満足しそうに思えます。

　ただし、ガイダンス文書「Guidance on requirements for substances in articles, June 2017 Version 4.0, ECHA (European Chemicals Agency)」によれば、成形品からの当該化学物質のばく露がない場合には、必要最低限の物質名のみでもよいという考え方が示されています。

　以上を踏まえて、伝達されるべき情報として考えられる例を示します。

・物質名（必須）
・CAS 番号、EC 番号（任意）
・含有率（任意）
・ばく露に関する情報（任意）

　B to B の場合の川下使用者に対してはその成形品を受領するときに、情報を提供するとされており、一方、一般消費者に対しては要求があってから45日以内の情報提供が求められます。上記の情報は、B to B では検査成績書等への記載、消費生活製品等では供給者がウェブサイトに情報公開している例を見ることができます。なお、一般消費者については、その成形品の購入者でなくとも情報が請求できるとされています。

第 2 章

海外製品環境規制

1．製造・輸出入に関する Q&A―①化学物質

Q24

　化学物質の製造・輸入を開始するときに最初にやるべきことは何でしょうか。

Ⓐnswer

　製造・輸入をしようとする化学物質に対しては、その国の化学物質管理規則がインベントリに収載されている既存化学物質かどうかを確認することです。（⇒Q11、12）

　物質は単一物質、多成分系物質、UVCB という区分に分けることができますが、それぞれの場合について以下に記します。

　「酸化クロム」の物質特定情報の概略をQ12で例として示しましたが、単一物質の例として再度「酸化クロム」を取り上げます。

　単一物質とは、その化学物質の化学式や構造式などに、同時に１つの CAS 番号が割り当てられているものということができるでしょう。１つの単一物質の名称に対して異なる CAS 番号が割り当てられていることも多くありますが、この場合には適切な番号を１つ選択することが通常です。ただし物質の構造の違い等から複数の CAS 番号が割り当てられても必ずしも矛盾が生じるものではありません。

　NITE-CHRIP で「酸化クロム」という名称で検索すると次図のように27のレコードが確認でき、それぞれ異なる CAS 番号を持つことがわかります。この CAS 番号のどれもが「酸化クロム」を意味しますが、CAS 番号ごとに詳細を見ると構造式が異なっていたりすることがわかりますので、製造しようとする際には実態に適合するものを選ぶことになるでしょう。

第 2 章　海外製品環境規制

図表2-1　NITE-CHRIP データベースでの「酸化クロム」検索結果

No.	CHRIP_ID	CAS RN	物質名称	構造式
1	C004-808-13A	1308-38-9	酸化クロム	Cr_2O_3
2	C004-765-22A	1333-82-0	酸化クロム	
3	C007-169-21A	11118-57-3	酸化クロム	-
4	C010-877-18A	12018-00-7	酸化クロム	$Cr=O$
5	C004-775-58A	12018-01-8	酸化クロム	$O=Cr=O$
6	C010-877-29A	12018-34-7	酸化クロム	-
7	C010-877-30A	12018-40-5	酸化クロム	-
8	C010-877-41A	12053-29-1	酸化クロム	-
9	C010-877-52A	12134-17-7	酸化クロム	-
10	C010-400-06A	12158-49-5	酸化クロム	-
11	C010-400-17A	12218-36-9	酸化クロム	-
12	C010-400-73A	27133-42-2	酸化クロム	-
13	C010-400-84A	39473-83-1	酸化クロム	-
14	C010-400-95A	92414-43-2	酸化クロム	
15	C010-876-49A	109657-67-2	酸化クロム	-
16	C010-876-50A	112801-90-8	酸化クロム	-
17	C010-876-61A	112801-91-9	酸化クロム	-
18	C010-876-72A	112801-92-0	酸化クロム	-
19	C010-876-83A	112801-93-1	酸化クロム	-
20	C010-876-94A	112801-94-2	酸化クロム	-
21	C010-877-07A	119130-19-7	酸化クロム	-
22	C010-400-28A	122325-63-7	酸化クロム	-
23	C010-400-39A	123193-41-9	酸化クロム	-
24	C010-400-40A	125297-06-5	酸化クロム	-
25	C010-400-51A	125831-98-3	酸化クロム	-
26	C010-400-62A	135669-88-4	酸化クロム	-
27	C000-381-13A	-	酸化クロム	-

出典：独立行政法人製品評価技術基盤機構ウェブサイト
https://www.chem-info.nite.go.jp/chem/chrip/chrip_search/systemTop

　次に本来の目的である、その化学物質管理規則に定められた管理番号を持っ
ていることを確認しましょう。管理番号を持っていれば、その物質は既存化学
物質であることが期待でき、化審法や TSCA 等においては通常は登録が不要
になります。

　化審法の「管理番号」は「官報公示整理番号」または「化審法番号」、「MITI
番号」などとも呼ばれています。上記の名称による検索から 1 つのレコードの
内容を確認すると「酸化クロム」の「官報公示整理番号」は1-284であること
がわかりますので、今度は NITE-CHRIP をこの「1-284」で検索してみると
次の図表の結果が得られます。

　リストされた CAS 番号は名称検索によるものと同じですが、「官報公示整
理番号」（表中では化審法番号）はすべて同一であることがわかりました。

図表2-2　NITE-CHRIPデータベースでの「酸化クロムの官報公示整理番号」検索結果

<<前のページ　全27件中　1-27件目 ∨ を表示中　次のページ>>　　　　　　　　1ページに 100件 ∨ 表示

No.	CHRIP_ID	CAS RN	物質名称	化審法番号
1	C004-808-13A	1308-38-9	酸化クロム	1-284
2	C004-765-22A	1333-82-0	酸化クロム	1-284
3	C007-169-21A	11118-57-3	酸化クロム	1-284
4	C010-877-18A	12018-00-7	酸化クロム	1-284
5	C004-775-58A	12018-01-8	酸化クロム	1-284
6	C010-877-29A	12018-34-7	酸化クロム	1-284
7	C010-877-30A	12018-40-5	酸化クロム	1-284
8	C010-877-41A	12053-29-1	酸化クロム	1-284
9	C010-877-52A	12134-17-7	酸化クロム	1-284
10	C010-400-06A	12158-49-5	酸化クロム	1-284
11	C010-400-17A	12218-36-9	酸化クロム	1-284
12	C010-400-73A	27133-42-2	酸化クロム	1-284
13	C010-400-84A	39473-83-1	酸化クロム	1-284
14	C010-400-95A	92414-43-2	酸化クロム	1-284
15	C010-876-49A	109657-67-2	酸化クロム	1-284
16	C010-876-50A	112801-90-8	酸化クロム	1-284
17	C010-876-61A	112801-91-9	酸化クロム	1-284
18	C010-876-72A	112801-92-0	酸化クロム	1-284
19	C010-876-83A	112801-93-1	酸化クロム	1-284
20	C010-876-94A	112801-94-2	酸化クロム	1-284
21	C010-877-07A	119130-19-7	酸化クロム	1-284
22	C010-400-28A	122325-63-7	酸化クロム	1-284
23	C010-400-39A	123193-41-9	酸化クロム	1-284
24	C010-400-40A	125297-06-5	酸化クロム	1-284
25	C010-400-51A	125831-98-3	酸化クロム	1-284
26	C010-400-62A	135669-88-4	酸化クロム	1-284
27	C000-381-13A	-	酸化クロム	1-284

出典：独立行政法人製品評価技術基盤機構ウェブサイト
https://www.chem-info.nite.go.jp/chem/chrip/chrip_search/systemTop

　「酸化クロム」の場合は、このようにリストされた CAS 番号のどれかに該当すれば化審法における「既存化学物質」であるといえるでしょう。

Q25

多成分系物質の場合のインベントリ確認例を教えてください。

Ⓐnswer

多成分系物質の例として、混合キシレンを取り上げます。

キシレンにはオルト、メタ、パラ-キシレンの３つの異性体がありますが、工業的に溶剤として用いられるキシレンはこの３つの異性体が混合しているいわゆる「混合キシレン」（エチルベンゼンを含む）です。「混合キシレン」は低コストで入手でき、溶剤・洗浄剤として使用されます。石油精製から「混合キシレン」を得ますが、３つの異性体それぞれの単一物質はさらに「混合キシレン」を精製して得ることができます。このように「混合キシレン」は、その成分であるキシレン異性体を意図的に混合するのではなく、「混合キシレン」として石油留分から直接得ることになります。

EU REACH 規則ではこのような化学物質を「多成分系物質」と呼びますが、他の化学物質管理規則で明確にこのようなカテゴリーが設けられているわけではなく、混合物と不純物の組み合わせとみなす等、ケースバイケースの取扱いになることもあるようです。

EU REACH 規則の定義では、主成分とみなされる複数の化学物質のそれぞれが含有率10％以上であって不純物の含有率が10％未満のものをいいます。EU REACH 規則でのインベントリでは、「混合キシレン」とエチルベンゼンの組成は、「reaction mass of ethylbenzene and xylene：EC 番号：905-588-0」とされており、「多成分系物質」としてひとまとまりの一物質として登録を扱うことになります。

図表2-3　reaction mass of ethylbenzene and xylene：EC 番号 EC：905-588-0

出典：ECHA ウェブサイト
https://echa.europa.eu/brief-profile/-/briefprofile/100.137.064

　化審法での取扱いとしては、オルト、メタ、パラ-キシレンのそれぞれの物質とこの３種の異性体の混合物は同一の化審法番号3-3を持ちます。「混合キシレン」は化審法番号3-3にエチルベンゼンを不純物として含むとする取扱いとなるでしょう。

第 2 章　海外製品環境規制

Q26

UVCB の場合のインベントリ確認例を教えてください。

Ⓐnswer

　UVCB は、Unknown or Variable composition, Complex reaction products or Biological materials（不明または可変の組成、複雑な反応生成物、または生物学的物質）の略語で、その名の通り、さまざまな成分が含まれており、組成も変動しやすく、その一部は不明である可能性があります。名称としては「reaction product of ～」として、出発物質によって記述することが多く見受けられます。ただし出発物質を記述することで、ある程度の製法等が推測できることもあるので、登録申請では UVCB とすることを避けられることもあるようです。

　UVCB の例としては、多官能のモノマー同士を同時にかつランダムに反応させて得られるようなポリマーを挙げることができます。

　EC インベントリから一例を挙げます。

UVCB：reaction product of: 4,4'-methylenediphenyl diisocyanate, 4,4'-methylenedianiline and Octadecylamine
EC 番号：917-479-5

　UVCB の成分一つひとつの構造式をすべて確定することは困難ですが、ある程度の主な成分の同定は推奨されています。

41

Q27

化学品の製造や輸出入を開始しようとしています。化学物質の登録手続きの開始時期はいつ頃にすればよいでしょうか。

Answer

原則として、対象となる化学物質は、製造や輸出入の前に化学物質管理規則へのいわゆる「登録」手続きが完了している必要があります。

登録手続きは、製造・輸出入の数量によってその手続きや要求データの軽重があり、数量が増大すれば、必要な期間やデータの種類も増大し、取得コストも相応なものになります。各法規にもよりますが10トンを超えるような製造・輸入量の場合では、期間の目安としては1年間、コストも場合によっては2,000万円を超えることも普通に有り得ます。といっても、いきなりこのような数量が予定されることは少ないと思われますし、よほどしっかりした見通しがなければ長期間・高コストの手続きに踏み切れるものではないでしょう。

新規化学物質の製造・輸出入は、現実的には最初は数十～数百 kg から開始することが多いと思われます。化学物質管理規則の多くでは、このような現実に配慮して「少量新規化学物質」として、手続き／コストの負担が軽減された登録枠が整備されており、短期／低コストの「少量新規化学物質」のための手続きを利用することができます。

製造や輸出入の前までに登録完了するための期間は、「少量新規化学物質」の場合が最短になりますが、手続きが支障なく進んだ場合でも1カ月は見ておく必要があり、2～3カ月を想定することが通常でしょう。また化審法のように決められた期間のみ手続きを受け付ける法令もあることにも考慮する必要があります。

第2章　海外製品環境規制

Q28

「少量新規化学物質」のための化学物質管理の制度の概要を教えてください。

Answer

化審法、労働安全衛生法、米国 TSCA、EU REACH 規則、K-REACH の化学物質管理規則での「少量新規化学物質」制度について概要を示します。

化審法：1トン / 年まで（少量新規化学物質届出制度）
労働安全衛生法：100kg / 年までの届出は書類申請届出のみ（100kg / 年を超える場合は有害性調査が必要）
TSCA：10トン / 年まで（LVE：Low Volume Exemption）
EU REACH 規則：1トン / 年未満まで登録不要
K-REACH：100kg / 年未満まで申告のみ

この中から、化審法、米国 TSCA、EU REACH 規則の特徴について示します。

化審法の「少量新規化学物質」制度の特徴は、日本全体で製造・輸入等される総量を1トン以下として、その数量の基準を「環境排出数量」としていることです。環境排出数量とは、実際に製造・輸入する数量に、用途ごとにあらかじめ設定された「環境排出係数」を乗じた数量です。例えば実際の製造量500kg、環境排出係数0.1の場合は、環境排出数量は50kg となります。この環境排出数量の総計が1トン以下になるように実際の製造・輸入量が管理されています。ただし、申請者自身の実際の製造・輸入量は1トンが限度です。

TSCA の「LVE：Low Volume Exemption」は年間10トンまでとされ、人健康や環境影響に関するデータの要求はありません。製造・輸入までは LVE を利用すれば可能ですが、米国域内企業の製造現場でその化学物質を使用するた

43

めには、実際に使用する人が本来は「新規化学物質」であることと、そのリスクが不明なところがあることを了承することが必要です。

　EU　REACH 規則では、「1 トン／年未満まで登録不要」とした理由を、法令の目的の 1 つである EU の研究開発力の強化のための施策としています。

　どの国でも法文上の明言はなくとも、短期／低コストの「少量新規化学物質」制度に研究開発力を強化し、産業の活性化につなげようというねらいがあると思われます。

第 2 章　海外製品環境規制

Q29

「少量新規化学物質」の数量枠を超える時はどのように対応すればよいでしょうか。

Answer

　少量新規化学物質制度は、いわば事業としての「スターター」的な役割を持ち、低コストで短期間に物質の「登録」手続きができますが、その数量枠は低く抑えられています。少量新規化学物質制度にはデータ要求もなく、その化学物質のハザードが不明なこともあり、リスク管理については最低限のものとなりますので、これは当然のことと思われます。

　その化学物質のビジネスが好調になれば、数量も増えることになりますが、数量が増えればリスクも増大しますので、増大するリスクを管理するためにそれを支えるためのハザード情報、要するに安全性評価等のデータも取得する必要が出てきます。

　そのため化学物質管理規則では、いくつかの数量帯を設けて必要なデータを規定しています。例えば EU REACH 規則でのデータ要求の概略は以下の通り

図表2-4　EU REACH 規則におけるデータ要求の概略（単位：トン／年）

項　目　＼　数量帯	～1	1～10	10～100	100～1,000	1,000～
物理的化学的特性	―	✓	✓	✓	✓
皮膚腐食性／刺激性	―	✓	✓	✓	✓
眼に対する重篤な損傷性／眼刺激性	―	✓	✓	✓	✓
皮膚感作性	―	△	✓	✓	✓
変異原性	―	△	✓	✓	✓
急性毒性（経口）	―	△	✓	✓	✓
反復毒性	―	―	✓	✓	✓
生殖毒性	―	―	✓	✓	✓

トキシコキネティクス	—	—	✓	✓	✓
発がん性	—	—	—	—	✓
水生生物毒性	—	△	✓	✓	✓
分解性	—	△	✓	✓	✓
環境中運命及び挙動	—	—	✓	✓	✓
陸生生物毒性	—	—	—	✓	✓
底生生物・鳥類毒性	—	—	—	—	✓

△；減免措置あり

出典：EU REACH 規則附属書 VI〜X を基に筆者作成。

です。

　数量帯をまたいで数量が増大する時は、その数量帯で新たに生じた要求データを追加で取得することになりますが、原則としては実際に数量帯が上がってしまう前にデータを提出して数量帯の変更を届出することになります。

　この時にデータ取得のための時間を考慮して、そのための試験を開始することになります。特に EU REACH 規則の場合で注意を要するのは、例えば反復毒性試験が要求される10トン以上の数量帯になるときです。反復毒性試験は、1年間以上の期間と1,000万円程度の「コストの見積り」が必要になりますので、厳しく法令遵守するためにはよほどの計画性と注意が必要となるでしょう。

第 2 章　海外製品環境規制

Q30

製造・輸出の際に必要な「登録」は誰がすべきでしょうか。

Ａnswer

　誰が登録の当事者になるべきか、ということを単純に考えれば、製造・輸出入そのものをする人・企業が自身でそれをすべきでしょう。

　ただし、ビジネス上の契約等によって、その化学物質のサプライチェーンの誰かが登録を実施する、もしくはその登録をサポートするという場面は多くあるでしょう。

　以下に注意すべきと思われる点を挙げます。

・製造（受託製造）

　製造する当人が登録することに疑問はないでしょう。ただし、受託製造で顧客の委託を受けて化学物質を製造する場合でも、その化学物質の「登録」は製造の当人である受託側がその義務を課せられることになり、これでは受託側が一方的に不利になるような印象を受けるかもしれませんが、このためのコスト負担については委託の際のビジネス上の契約等に、予め折り込むことになるでしょう。

・輸出

　輸入する「仕向先国」の中の輸入者が必要な「登録」等の手続きをする義務があります。遵守すべきは「仕向先国」の法令である化学物質管理規則なのは自明ですので、その国の輸入者が対応するのが原則ということになります。登録義務者は輸入者と法定されていることに疑問の余地はないように思えますが、輸入者が誰でも「登録」手続きをすることができるかという点については疑問が残ります。例えば輸入者が小さな営業所で人的資源などが不十分な場合

47

も考えられます。このような場合は、登録当事者（輸入者）は法的手続きの代行を適当な業者に依頼することもできるでしょう。このような代行業者への手続きの委託はビジネス上の契約であり、委託できるのはあくまでも書類の作成や手続きの作業であって、登録の法的な義務まで引き受けてもらえるわけではありません。

Q31

（EU REACH 規則でない場合：代理人制度なし）
国内調達した化学物質を輸出しようと思いますが、海外の仕向先国での登録を化学物質製造者に依頼することは可能でしょうか。

Answer

　これまでも述べてきたように、登録の当事者は仕向先国の輸入者であることが原則ですが、ビジネス上の契約として双方合意すれば、登録を化学物質製造者に依頼することに可能性を見出すことはできるかもしれません。

　ただし、化審法や米国 TSCA 等のような代理人制度のない化学物質管理規則では、仕向先国での輸入者と直接つながりのない化学物質製造者に依頼することは困難が多い現実があります。

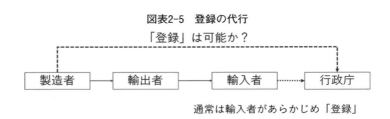

図表2-5　登録の代行
「登録」は可能か？
通常は輸入者があらかじめ「登録」

　例えば、このケースでは化学物質製造者が仕向先国輸入者の登録を代行することが解決手段になりえますが、このような手段を取った場合は化学物質製造者と輸入者が「登録」手続きのために十分なコミュニケーションを取らなければならないことになります。そのためには製造者と輸入者が直接連絡を取り合っていくことが必要になりますが、これが輸出者には許容できないことが多いと思われます。あくまでも登録は輸入者の名前でしなければならないので、化学物質製造者は輸入者を正確に知らなければなりません。登録完了後に製造者から輸出者を飛び超えて直接輸入者に輸出するようなことも可能性としては

考慮しなければならないでしょう。

　このようなわけもあって、化学物質製造者が輸出に協力的であったとして、質問のケースでは登録費用のコストを共有する範囲に留まり、原則を守って輸入者自身で登録することになる場合が多いと思われます。

　共有すべき情報としては輸入者の情報だけではなく、物質の特定情報・安全性評価のデータや使用用途も必要になります。使用用途はリスクベースになっている今日の化学物質管理規則の下では登録にあたっての必須情報の1つとなっていますが、化学物質管理規則だけではなく、特許などについても考慮しなければならない一面があります。

　それでも親密な取引が長年続いている場合など、実際に化学物質製造者が代行する、ということも有り得ないことではありませんが、あくまでも双方合意の下でのことになります。もちろんこのような合意に化学物質製造者が輸入者となって、自身の名前で登録することも範囲として含ませることができます。

　この場合は登録コストの分担や登録後の輸入実績の取扱いが課題になることはありますが、解決のハードルは下がるでしょう。

第 2 章　海外製品環境規制

Q32

（EU REACH 規則の場合：代理人制度あり）
　国内調達した化学物質を輸出しようと思いますが、海外の仕向先国での登録を化学物質製造者に依頼することは可能でしょうか。

Ⓐnswer

　EU REACH 規則には「唯一代理人」という代理人制度があり、海外からの輸出者はこの「唯一代理人」を指名して、「唯一代理人」が代わりに登録をしてもらうことができます。

　この代理人制度の考え方を一言でいえば、「代理人は、海外の輸出者からの指名を受諾し、輸入者の法的義務を委任される」というものです。Q31のケースでは、代理人制度のない化審法や米国 TSCA 等に対する対応の概略を示しましたが、「唯一代理人」制度を持つ EU REACH 規則では、海外の輸出者がこの唯一代理人を指名して輸入者の代わりとして登録を委任することができます。EU だけではなく EU REACH 規則と同じような規則を現時点で施行・運用している国である台湾と韓国も「唯一代理人」と同様な制度を持っています。

　輸出者は「唯一代理人」を指名し、「唯一代理人」がこれを受諾すれば登録手続きを開始することができます。実際の指名手続きにおいて EU REACH 規則では、ビジネス上の契約のみで完結することができ、行政側への届出等は要求されていません（台湾では必要）。

　「唯一代理人」による登録手続きは、書類作成等をする「代行」ではなく、輸入者の法的義務も負う「委任」となります。
　登録に際しては物質の特定情報・基礎的データ・使用用途だけではなく、輸

51

入者に関連する情報（輸入者の特定情報、それぞれの年間輸入数量、使用用途のすべて）が必要になります。ただし、これらの情報は輸出者に開示するのではなく、「唯一代理人」に開示することになります。一方「唯一代理人」は物質の特定情報を「輸入者」に開示することはありません。ここが「唯一代理人」制度の重要な部分になるところですが、これについては混合物の項で説明します。（⇒Q41）

図表2-6　輸出者（海外製造者）からの情報開示

項　目	唯一代理人に対して	輸入者に対して
物質の特定情報	開示	通常は非開示
使用用途	開示	原則的に登録に含まれる使用用途は、輸入者の使用用途と一致していること
基礎的データ	開示 / 取得	安全性に係る情報は開示される

第2章 海外製品環境規制

Q33

EU REACH 規則における使用用途の重要性と取扱いについて教えてください。

Answer

ある特定の使用用途に対してのリスク評価は、リスク管理の基礎となるものですので当然に大変重要なものです。EU REACH 規則の場合に使用用途は、登録一式文書（登録ドシエ）に必ず記載すべきものとして取り扱われており、使用する際には、登録ドシエに記載のない使用用途での使用はできません。年間製造・輸入量が10トン以上の場合では、CSR（Chemical Safety Report：化学品安全報告書）の提出も求められます。

川下使用者が化学物質を入手して、自社の目的に沿った使用方法を取る場合は、必ずその化学物質の登録ドシエを確認して、その使用用途が記載されていることを確認することが必須ということになります。記載のない場合は、化学物質の供給者にその使用用途に対してのリスク評価を求めることができますが、リスク評価実施の承諾が得られない時にはその川下使用者がリスク評価を実施します。新規用途についてのリスク評価の結果は、ECHA に報告しなければなりません。

なお、既存化学物質の場合では SIEF（Substance Information Exchange Forum：物質情報交換フォーラム）によって１つの化学物質について１つの登録ドシエを用意して提出するのが原則です。このため既存化学物質は必然的に SIEF 全体で使用用途の情報共有が必要になってきますが、使用用途については特許性がある場合も多いため、情報共有は慎重にすることになります。このような面を考慮して、使用用途情報を共有する場合は、その用途はコード化されて概念的に取り扱われています。

53

Q34

　EU REACH 規則で既存化学物質はどのように登録すればよいでしょうか。

Ⓐnswer

　EU REACH 規則では既存化学物質であっても、製造・輸入者ごとに登録する必要があります。Q33でも少し触れた SIEF がどのようなものであるかについて把握すると、既存化学物質の手続きについても理解しやすいと思います。

　EU REACH 規則は2008年から予備登録の手続きを開始しました。この「予備登録」はその物質を製造・輸入する意思表示をするという意味で、「予備登録」した企業等はそれぞれの物質について SIEF という1つのフォーラムを形成し、この SIEF を中心にデータ及びその取得コストを共有して原則としてワンセットの登録ドシエを用意して提出することが求められました。最終的な提出期限は2018年までとされていたため、すべての既存化学物質の登録は完了しているはずです（現在でも個別にデータ検討要請はあります）。登録完了した既存化学物質は登録者ごとに「REACH 登録番号」が付与されました。このように見ると「登録」というよりは「データの整備」に見えるかもしれませんが、もくろみはその通り、既存化学物質の「データ整備」です。

　現時点で、既存化学物質の製造・輸入を新たに開始したい時も登録する必要があります。その時は ECHA にその意思表示すると SIEF とのコミュニケーションが可能となります。SIEF が保有する一式データの利用権を取得し、自身の一式文書を作成・提出すれば登録手続きは完了できます。データ利用権（LoA：Letter of Access）は SIEF から購入することによって取得できますが、価格は化学物質や製造・輸入量によって変動します。汎用化学品で SIEF メンバー（登録者）が多ければ共有コストは下がりますから、取得費用も下がり、製造輸入量が多ければ必要データも増えますので取得費用は上がります。

54

第 2 章　海外製品環境規制

Q35

「少量新規化学物質」などの制度を利用して化学物質を「登録」した場合に、その化学物質を海外供給者から輸入できるでしょうか。

Ⓐnswer

通常は輸入可能です。

最初に製造・輸入する時には数量もそれほど大量ではなく、少量新規化学物質制度のような特例を利用することが多くあります。少量新規化学物質制度によって「登録」された化学物質は、既存化学物質として取り扱わずにインベントリに収載せず、「登録」の事実が公開されないのが通常です。したがって、その「登録」の事実を知るのは登録者だけであり、登録者のみが製造・輸入を開始できることになります。もし、その化学物質を輸入する場合には、海外供給者は、通関手続き等のために少量新規制度による「登録」の事実と海外供給者が輸出しようとする化学物質の関連付けができていることを知る必要があり、登録者は「登録」の事実を「登録番号」なりの関連付けができる情報を海外供給者と共有することになります。

なお、EU REACH 規則に関しては 1 トン未満の製造・輸入については登録手続きが課されませんので、上記のような配慮は必要なくなります。ただし、登録手続き以外の SDS の作成と配布のような要求事項については対応しなければなりません。

55

Q36

化学物質管理規則の適用除外の制度はどのようなものでしょうか。

Answer

　まず、適用除外とひとまとめにいわれている措置には2種類あることに留意すべきです。

　1つめは法令そのものが適用されない場合（適用範囲外）、2つめはその法令の中のある手続きが適用されない場合（適用除外）です。

　1つ目の例として、化学物質管理規則では、より厳しくその用途を規定する法令によって管理されている医薬品、化粧品等はその適用範囲としていない場合が多くあり、法令そのものが適用されるかどうかは、その法文の冒頭付近の条文で規定されていることが多くみられます。ただし、医薬中間体などその用途が医薬品になりうる物質であって、医薬品そのものでない場合は化学物質管理規則の範囲となりますので注意が必要です。

　2つ目はある手続きは適用されないものの、それ以外の手続きについては適用されるというものとなりますので、一層の注意を払う必要があるでしょう。

　EU REACH規則では、製造・輸入量が1トン未満の場合、登録手続きは適用されませんが、その他の手続きは適用されることになります。例えばリスク管理やSDSの発行です。川下使用者についてはREACH登録番号を入手した場合（SDSに記載されている場合等）は、6カ月以内に物質特定情報、輸入者・製造者・供給者、用途をECHAに届け出ることとされています。

第2章 海外製品環境規制

Q37

SDS は誰が発行すべきでしょうか。輸出入の際の SDS の取扱いについて教えてください。

Ⓐnswer

SDS は化学品の供給者が発行します。供給者の中でも、多くの場合、製造者が、そのデータやリスク管理についての情報を保有していると推定できることからも、通常のこととなっています。

SDS の発行義務等が課されるのは基本的に「化学品の分類および表示に関する世界調和システム」（GHS：Globally Harmonized System of Classification and Labelling of Chemicals）による判定結果が危険有害性ありの場合とされていますが、GHS により危険有害性を判定すること自体は、多分に判定者の自主性に任されているところがあります。また、安全性評価試験結果からの専門家判断でも判定結果が異なることは普通にあることです。

対象物質を指定する方式を採用して、物質またはその物質を含有する混合物に対して SDS の発行義務を課しているのは、日本のいわゆる SDS 三法（化管法、労働安全衛生法、毒物及び劇物取締法（毒劇法））がその一例ですが、付与する危険有害性の分類を強制するものではありません。

物質を指定して、かつ危険有害性の分類も強制しているのは、EU の CLP 規則です。物質のリストと分類はその附属書 VI に示されています。

このような背景もあって同じ物質の SDS でも作成者によってその危険有害性が異なることは通常みられることですし、場合によっては同一の作成者が同一物質の SDS を作成している場合であっても SDS の仕向先国が異なれば、特に EU 向けの SDS では上記の強制分類のために、その分類が異なることもあ

57

るでしょう。

　SDS の作成言語については仕向先国の公用語が指定されています。日本国内ならば日本語の SDS の作成と配布は必須になります。

　輸出入をする場合では、仕向先国の公用語での SDS 作成は必須となるでしょう。また輸出入に伴う輸送や通関の際の情報提供には、SDS の書式はその化学物質の情報を過不足なく提供するために適していると考えられるでしょう。そのためもあって、必ずしも法的義務でなくとも、仕向先国の公用語でSDS を作成・提供することについてデファクトスタンダードを形成するようになったともいえるでしょう。

第2章　海外製品環境規制

Q38

EU に輸出する製品のラベルと SDS には、EUH コードの記載は、義務となるのでしょうか。

Ⓐnswer

CLP 規則は EU 版 GHS ともいうべき規則で、化学物質の分類とラベリング及び包装について規定するものです。

EUH コードは CLP 規則独自のコードとして、国連 GHS から採用した危険有害性情報や注意書きの他に CLP 規則附属書 II（ANNEX II, SPECIAL RULES FOR LABELLING AND PACKAGING OF CERTAIN SUBSTANCES AND MIXTURES）に示されているもので、CLP 規則第25条(1)、及び第25条(6)によって該当するステートメントをラベルに記載するよう義務付けられています。

第25条　ラベルに関する補足情報（抜粋して筆者翻訳）

1．危険有害性に分類された物質又は混合物が附属書 II の1.1節及び1.2節に記す物理的特性又は健康特性を有する場合には、ラベルに関する補足情報のセクションに含めなければならない。

6．混合物が危険有害性に分類される物質を含む場合には、附属書 II の第2部に従ってラベル表示しなければならない。

附属書 II　該当する化学物質と混合物のラベリングと包装の特別規則（抜粋して筆者翻訳）

パート1．追加の危険有害性情報

1.1及び1.2に記載する記述は、第25条(1)に従って、物理的、健康又は環境に対する危険有害性について分類された物質及び混合物に割り当てられる。

59

パート2．特定の混合物についての補足的なラベル要素のための特別な規則

　2.1から2.10及び2.12までに定める記述は、第25条(6)に従って混合物に割り当てなければならない。

　またEU REACH規則附属書IIによって規定されるSDSについても、混合物の場合は、SDSのSection 2ラベル要素にはCLP規則第25条(1)～(6)及び第32条(6)に従ってラベル要素を示すこととされており、該当の場合はEUHコードを記載しなければならないことになります。

REACH規則附属書II（抜粋して筆者翻訳）
2.2 ラベル要素
Regulation（EC）No 1272/2008（CLP規則）第25条及び第32条(6)に従って適用されるラベル要素を、混合物の場合示さなければならない。

第 2 章　海外製品環境規制

２．製造・輸出入に関する Q&A―②混合物

Q39

混合物の化学物質管理規則対応の概要はどのようなものでしょうか。

Ⓐnswer

通常、化学物質管理規則での管理単位は化学物質となり、混合物の場合でもこれは変わりません。したがって、混合物の法令対応にあたっては、混合物の構成成分である化学物質を管理単位として対応することになりますので、成分化学物質の一々について前節「１．製造・輸出入に関する Q&A―①化学物質」に準じた対応をすることになります。

混合物の対応で特に焦点となるのは、サプライチェーン上の情報伝達に係る点で、サプライチェーンの川下側へ成分情報をいかに過不足なく伝えるかが大部分を占めるかもしれません。

混合物の成分情報がすべて開示されていることはまれかもしれません。SDS上でも記載が義務とされている物質（多くの場合は指定された規制物質やGHS により危険有害性を有すると判定された物質）以外の物質は開示されていないことが通常です。

リスク管理についても、混合物全体の危険有害性については、個々の成分物質が有する危険有害性を一々に取り上げて混合物中の含有率を以て混合物全体への影響を検討する取扱いとなっています。このように決定された混合物全体の危険有害性（ハザード）に基づいて、その混合物のリスク管理が実施されていると考えられます。

混合物全体の安全性評価試験結果等があれば、これを優先して採用するべきとされていますが、このようなデータはほとんど利用可能ではないといえるで

61

しょう。ただし、引火性や腐食性のように混合物であっても、事実上、混合物全体としてのデータの実測が推奨される危険有害性クラスもあります。これは測定自体が比較的低コスト、短時間で済む（例：引火性ー引火点測定）ということもあるでしょう。

　なお、混合物全体としての危険有害性の把握は、成分物質同士の相乗効果も推測されることから、化学物質管理に取り入れることも提唱されています。

第2章　海外製品環境規制

Q40

（EU REACH 規則でない場合：代理人制度なし）
混合物を輸出入する際のポイントを教えてください。

Ⓐnswer

　混合物中の全成分を把握すること、特に仕向先国で法令遵守の当事者となる
「輸入者」がいかに法令遵守のための過不足ない情報を把握するかが混合物を
輸出入する際のポイントになるでしょう。

　化学物質の場合と同様ですが、全成分を把握する目的は第一にその成分が既
存化学物質であるかどうか確認することです。そのために輸入者は海外供給者
から化学物質名称、CAS 番号・化審法番号等の情報の提供を受けて、既存化
学物質であることが確認できれば、これで輸入前の確認作業は終了、としたい
ところですが、すんなり開示されることもそうそうあることではありません。

　それどころか、既存化学物質であることの必要性を海外供給者が理解せず
に、必要な情報が開示される予感もできない"けんもほろろ"な対応をしてく
る場合もあります。といって、未確認のまま輸入通関することはできません。

　1つの妥協案としては、海外供給者に NITE-CHRIP のようなデータベース
を海外から直接検索してもらう、という提案もできるでしょう。日本に輸入す
る場合ならば、最近は NITE-CHRIP も英語版が利用可能なので、海外供給者
が自身で検索することも問題はないはずです。このような検索の結果、成分物
質すべてが既存化学物質であることが判明すれば、米国 TSCA や化審法への
輸入時の対応は基本的に完了します。ただし、米国 TSCA Section 13 に規定
される化学品輸入認証に基づいた宣言書の提出のような、全成分が既存化学物
質であることを宣言する手続きを要求する法令もありますので、ご注意くださ
い。

63

既存化学物質の確認をした結果、物質名称が総称名で示された規制物質に対して正しく検索できているのかの確信が持てなかったり、成分化学物質が規制物質であることが判明したり、次の課題が明らかになるような場合は、海外供給者・輸入者間でさらにケースバイケースでの妥協点を探っていくことになるでしょう。

第 2 章　海外製品環境規制

Q41

（EU REACH 規則の場合：代理人制度あり）
混合物を輸出入する際のポイントを教えてください。

Ⓐnswer

　仕向先国で施行されている化学物質管理規則が"REACH"（EU、台湾、韓国）の場合は、既存化学物質の登録は必須であり、そのために混合物の成分はすべて把握しなければなりません。

　輸入者が全成分を把握してこれらをすべて登録すれば、輸入に係る手続きは完結できるしょう。ただし、実務上は、登録に要求される情報、例えば成分化学物質の原料としての純度や不純物をはじめとした詳細な情報も必要になりますので、これもクリアしなければなりません。実際には輸入者に全成分が開示され、自身でその全成分を登録するようなことはまれといってもよく、混合物の製造者が成分登録をすることがよくみられる法令対応になっていると思われます。混合物の製造者は「唯一代理人」を指名して登録することで、既存化学物質を含むすべての成分についての法令対応をすることができます。日本の混合物製造者が EU 域内に混合物を輸出することを想定したおおよその流れを次図に示します。

　図は、「海外製造者」である日本の混合物製造者が「混合物」である製品を輸出して「EU 域内輸入者」がこれを輸入、EU 域内で上市して「川下使用者」に販売されるという想定になります。成分 A、B は「EU 域内輸入者」に開示され、「EU 域内輸入者」が EU REACH 規則下で登録を実施するとしていますが、成分 C は「EU 域内輸入者」に開示されませんので「海外製造者」が「唯一代理人」を指名して登録することになります。「海外製造者」は成分 C の情報を「唯一代理人」に開示し、「唯一代理人」が成分 C の登録を実施しま

65

図表2-7　EU 域内に混合物を輸出する流れ

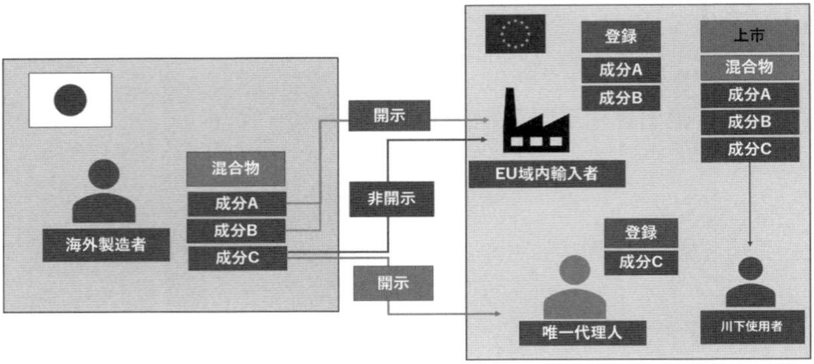

す。EU 域内輸入者は「唯一代理人」の川下使用者として位置付けられており、登録後の維持管理のために必要な情報を唯一代理人に提供しなければなりません。（⇒Q32）

　サプライチェーン上の登場人物が増えれば取り扱う情報も増え、法令対応も複雑化していくのが通常ですが、その場合には登場人物の役割を考慮して必要最小限の情報で法令対応を完結できるのが一番よいと思われます。判断のポイントになるのは、やらなければならないとされることが、法令で定められた義務なのか、ビジネス上の契約によるものなのかを明確に立て分けることと考えられます。

　例えば、EU REACH 規則の法文上では、唯一代理人の指名は海外製造者がするとされていますが、その費用を誰が負担するのかということは法文では決められていません。図では唯一代理人指名の恩恵を受ける「海外製造者」が分担すればよさそうに思えますが、「海外製造者」にもともと輸出する意志がなく「EU 域内輸入者」もしくは「川下使用者」の要請によるものとすれば、要請した彼らがコスト負担したとしても不思議ではないでしょう。

第 2 章　海外製品環境規制

Q42

混合物を輸出入する際の輸入国（仕向先国）向け SDS 入手のポイントについて教えてください。

Answer

　輸出者（製造者）が輸入国（仕向先国）の法令に沿った SDS を作成することが結論です。SDS 作成のポイントは、非開示の成分をどのように把握して、それを輸入国（仕向先国）の法令にいかに適合させるかということと考えられます。その他の SDS 作成の要素（作成者や言語など）については化学物質の SDS と共通となりますので Q37 をご参照ください。

　非開示成分の把握がポイントになる第一の理由は、輸出国（製造国）の規制物質と輸入国（仕向先国）の規制物質の差によるものです。

　混合物を輸出する際には、その SDS を輸入国（仕向先国）の法令を遵守するように作成し直す必要があります。

　SDS は法令を遵守できる最低限の情報開示で作成されていることが多く、例えば成分情報としては輸出国（製造国）で作成された SDS を入手すると、大抵は成分情報としてその国の規制物質のみか、それに加えてよくても自主的な分類で危険有害性と判定された物質が表示されています。

　このような輸出国（製造国）の SDS 上の情報のみから、輸入国（仕向先国）の法令を遵守していると確信の持てる SDS を作成することは、元々の情報不足のためほとんど不可能なことになってしまいます。どうにかこのギャップを埋めなければなりませんが、このためには輸出者（製造者）の協力と 2 カ国間の法令の差異への理解が欠かせません。状況としては既存化学物質の確認（Q40）と同様な点もありますが、全成分の少なくとも分類とラベリングについて輸入国（仕向先国）に合わせた見直し、その上で SDS の改訂をすることにな

67

ります。

　輸入者へのすべての成分開示ができない場合は、輸出者（製造者）が輸入国（仕向先国）の法令に沿った SDS を作成することが現実的な対応となるでしょう。

第2章　海外製品環境規制

3．成形品の対応（EU REACH 規則等）

Q43

化学物質管理規則における成形品の対応の考え方について教えてください。

Answer

成形品を主な適用範囲の１つとしている EU REACH 規則を中心に説明します。

EU REACH 規則前文（16）では、「合理的に予見可能な条件下で、人の健康と環境が悪影響を受けないようにするために必要な責任と注意を払って、産業界が物質を製造、輸入、使用又は市場に出す必要がある」（主旨）とする原則を打ち出しています。

また、EU REACH 規則の前文（29）の冒頭には「成形品の生産者及び輸入者は、当該成形品に対して責任を負うべきである」とあり、続いてとるべき施策が列挙されていますが、その施策は「化学物質のリスク管理」という視点から条文に具現化されています。

（１）　意図的放出物（化学物質として取り扱う）の登録（第７条）

（２）　含有している有害化学物質（CLS など）の把握と届出（第７条）

（３）　成形品に含まれる物質について、ECHA が登録を要求する権限（第７条）

（４）　サプライチェーンでの情報共有（第33条）

（５）　成形品に含まれる物質について、ECHA が制限案を提出する権限（第69条）

69

「成形品の生産者及び輸入者」はこれらの条文を遵守すればよいことになりますが、成形品対応の考え方として、前文（16）を原則と捉えることができるでしょう。

　この原則は、特に対象物が化学品か成形品かを明確に立て分けることが困難な場合等の最終的な判断の基準になると思われます。
　EU　REACH規則の成形品の定義は、法令としての性質上、文章で作らざるを得ないためもあって、具体的な対象物の判断においてどうしても曖昧な点が残り、化学品か成形品か立て分けする際に文言上の解釈に陥りやすい点が出てきてしまい、化学物質としてのリスクがあるのに成形品としてこじつける（またはその逆）ということもあり得ると考えられます。このような時には原則に立ち返って見直すことも必要になるでしょう。

　REACH規則における成形品の定義を挙げます。（⇒Ｑ９）

その機能への寄与が、化学物質そのものの性状よりも表面状態や形状によるところが大きいもの（第３条第３項を筆者翻訳）

第2章　海外製品環境規制

Q44

　成形品を EU へ輸出する場合の対応について概要を教えてください。

Answer

　Q43に成形品に適用される主な要求を挙げましたが、このうち、成形品の海外生産者が定常的に対応すべきは以下の3点になるでしょう。

（1）　意図的放出物（化学物質として取り扱う）の登録（第7条）
（2）　含有している有害化学物質（CLS など）の把握と届出（第7条）
（3）　サプライチェーンでの情報共有（第33条）

　これらの対応のために把握すべき EU REACH 規則での管理対象物質はQ9でもご紹介しましたが、以下の通りです。

成形品の化学物質管理での対象
①　意図的放出物（化学物質として取り扱う）
②　含有している有害化学物質（高懸念物質：CLS（SVHC））

　（1）の意図的放出物については、成形品そのものに対してというよりは、化学物質としての登録が義務付けられています。
　（2）、（3）の対応の出発点は CLS の成形品に対する含有を把握することになるでしょう。
　CLS は6カ月に一度の追加が定常的なことになっていますので、それに伴って CLS の把握と法対応も6カ月に一度迫られることになります。そして把握した CLS には届出義務が課されます。

71

Q45

CLSを把握するためにはどのような対応が必要でしょうか。

Answer

　海外の成形品生産者がEU域内に成形品を輸出する場合、その成形品に含有するCLS把握のためには、その素材・部品の製造者から情報を入手することが一番の手だてでしょう。サプライチェーンの川上側にいる素材・部品の製造者は、製造のために使用した化学物質・混合物（化学品）を知っていると推定できますから、成形品生産者は、その化学品がCLSに該当するかどうか、その情報を入手することが期待できます。素材・部品の製造者もまた、サプライチェーンをさかのぼって、同様に化学品の情報を入手する必要があるでしょう。

　このようにいわば「伝言ゲーム」のようにサプライチェーン上の情報伝達によって、CLSを把握することができるはずですが、実現のためには情報伝達のためのツールを設定することが必要になります。

図表2-8　サプライチェーン上の情報伝達

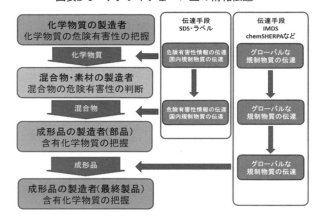

このようなツールとしては、自動車業界で世界的に使用されていて、伝達すべき情報項目を共通のフォーマットで設定する IMDS（International Material Data System）、日本で立ち上がった chemSHERPA を挙げることができます。

化学品に対しての SDS も情報伝達ツールとして挙げることができるでしょう。各ツールの詳細についてはウェブサイトなどをご覧ください。

〈参考〉

・IMDS（DXC テクノロジー・ジャパン株式会社ウェブサイト）
　https://public.mdsystem.com/ja/web/imds-public-pages
・chemSHERPA（アーティクルマネジメント推進協議会（JAMP）ウェブサイト）
　https://chemsherpa.net/

Q46

把握した CLS の EU REACH 規則における届出とはどのような
ものでしょうか。

Ⓐnswer

　成形品を EU 域内で上市するためには、把握した CLS を届出する義務が課
されています。

　成形品を日本から輸入して上市する場合は、届出をする対象者は EU 域内の
輸入者となります。輸入者は REACH-IT（法令遵守のためのウェブサイト）
に必要項目を入力することによって届出できます。

　届出が義務となる要件としては、対象となる成形品が以下の 2 点を同時に満
たすこととされています。

（1）　成形品に含有する CLS が年間 1 トンを超える。

（2）　CLS が成形品中に0.1重量％を超えて含有する。

　ただし、届出の免除要件も、その物質がすでに EU REACH 規則下で登録さ
れており、その使用用途が登録に含まれていれば免除される、と設定されてい
ます。

　EU REACH 規則下では、すべての既存化学物質の登録は2018年に完了して
いることが推定できるので、届出免除を受けることができる可能性は大きいと
いえるでしょう。新たに指定された CLS であっても、このような規制物質は既
存化学物質から指定されますので、届出免除の対象になることが期待できます。

　このような届出の基礎となるのは、届出対象となる成形品を確定するために
対象品が化学品か成形品か立て分けすること、含有率を算出するにあたって
ベースとなる成形品を確定し100％（分母）となる重量を把握すること、の 2
つとなるでしょう。

第2章　海外製品環境規制

Q47

　対象となる"物体"が、化学品か成形品か立て分けするにあたっての基準はあるでしょうか。

Ⓐnswer

　化学品から成形品に変換された直後の成形品が届出の対象となります。

　化学物質から成形品への流れの中で、必ず化学物質・混合物（化学品）から成形品への変換工程があり、この変換工程の直後の成形品が届出の対象とされています。変換工程直後の成形品が得られた後の工程は、主にこのような成形品同士を部品として機械的に結合させる組み立て工程になるでしょう（⇒Q10）。

図表2-9　化学物質・混合物から成形品への変換工程（再掲）

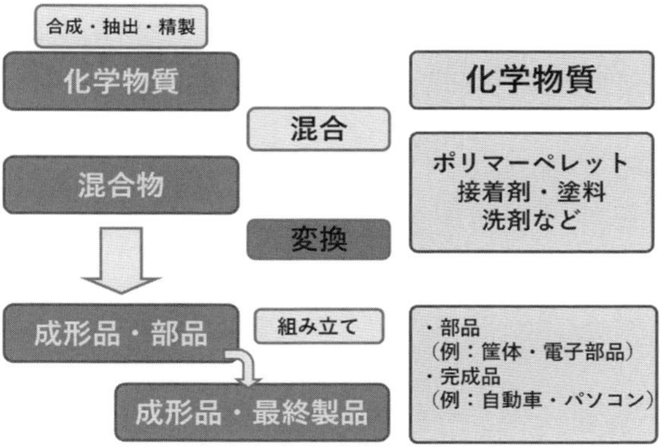

　届出対象は変換工程直後の成形品とすることを基準にし、この成形品の重量を分母としてCLSの含有率を算出することになります。

　成形品の集合体である組み立て工程後の上市する最終製品を分母とすること

75

は、部品数の多い複雑な成形品になればなるほど重量は増大し、部品としての成形品が結合すればするほど CLS の含有率は下がることになるため、基準にはなり得ないでしょう。

　このことについては、EU では裁判にまでなり、司法裁判所での判決があり、上記の説明はこの判決を踏襲したものとなります。
　ECHA 発行の成形品に関するガイダンスの序文に判決の説明と判決文へのリンクがありますので、参考にしてください。

〈参考〉
・ECHA ウェブサイト「Guidance on requirements for substances in articles （June 2017 Version 4.0）」
　https://echa.europa.eu/documents/10162/2324906/articles_en.pdf
・EU 司法裁判所ウェブサイト「C-106/14 - FCD and FMB」（ガイダンス文書の Preface にある記述も参照）
　https://curia.europa.eu/juris/liste.jsf?language＝en&td＝ALL&num＝C-106/14

Q48

化学物質・混合物（化学品）から成形品へ変換された直後の成形品とはどのようなものがあるでしょうか。

Ⓐnswer

例としてポリマーペレットからなんらかの形に射出成型された、例えば電気電子製品の筐体を挙げることができるでしょう。

ポリマーペレットは化学品として位置付けることができますが、これを射出成型して筐体となったとき「その機能への寄与が、化学物質そのものの性状よりも表面状態や形状によるところが大きいもの」になれば、成形品になったといえるでしょう。（⇒Q9）

図表2-10　ポリマーペレットから筐体部品へ

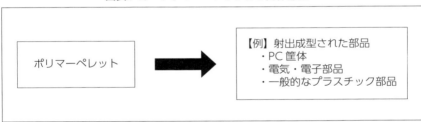

なお、いったん成形品になったものは元の化学物質・混合物（化学品）にはならないとみなされて運用されています。とはいっても実際にいったん筐体になっても、やろうと思えば機械加工等によってペレット状に形を戻すことはできます。このような場合があれば法令上の扱いに困るかもしれませんが、EU REACH規則の前文（16）「合理的に予見可能な条件下で、人の健康と環境が悪影響を受けないようにするために必要な責任と注意を払って、産業界が物質を製造、輸入、使用又は市場に出す必要がある」（主旨）の原則（⇒Q43）に基づいて法対応を決定できることが望ましいと考えられます。

Q49

化学物質・混合物（化学品）か成形品か、立て分けの判断がつかないものについてはどのように取り扱うのでしょうか。

Answer

　いくつかの具体的な成形品を例としてそれぞれの立て分けの判断について、行政庁である ECHA が発行している成形品に関するガイダンス文書に記述があります。ただし、ガイダンス文書の冒頭にもあるように「行政庁の見解として法的拘束力はない」ものと ECHA 自身が位置付けしていますので、内容はあくまでも参考とすべきでしょう。

　取り上げられた成形品の一例ですが、粘着テープは粘着剤を基材テープに塗布して製造されるとして、粘着剤は化学品であり基材テープは成形品であってこれらが合体して形成された粘着テープは成形品と判断されています。詳細な判断理由は下記ガイダンス文書 P.76〜P.77（Table 11及び12）に記述されています。

〈参考〉

・ECHA ウェブサイト「Guidance on requirements for substances in articles
　（June 2017 Version 4.0)」

　https://echa.europa.eu/documents/10162/2324906/articles_en.pdf

　行政庁である ECHA は想定された粘着テープについて標準的な判断のすじみち・定義のあてはめ等を例示したものなので、実際にあるすべての粘着テープが成形品であるという結論を導く根拠には、必ずしもならないことに留意する必要があるでしょう。

第2章 海外製品環境規制

Q50

電子部品であるコンデンサーは複合成形品と位置付けできると思われますが、一つひとつの構成部品の CLS の含有について調べて届出しなければならないでしょうか。

Ⓐnswer

基本的には電子部品であるコンデンサーは成形品である部品が結合・構成することによる複合した成形品の例として捉えることができます。コンデンサーは端子、電極、絶縁体からなり、これらがケースに収められて全体を構成しています。

図表2-11　コンデンサーの模式図

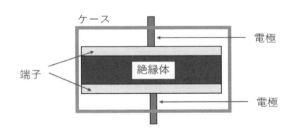

このように一体となっていて分解困難で各構成部品の情報も入手できない場合は、コンデンサー一体として管理することも許容せざるを得ないとされているようですが、確定的にこのような取扱いになっているということではありません。コンデンサーに限らずこのような分解困難な一体になっている複合成形品については、供給者が提供する情報の内容も踏まえてケースバイケースの判断が必要です。

Q51

工作機械の摺動部など、機械内部に塗布された潤滑油について、どのように法対応する必要があるでしょうか。

Ⓐnswer

工作機械全体は、EU REACH 規則等の化学物質管理規則において「成形品」として分類できるでしょう。質問の摺動部は機械内部の作動部分の 1 つとなりますが、通常は成形品の一部としてみなされますので、EU REACH 規則ならば、「成形品中に含有する物質」として対応します。

EU REACH 規則での要求は以下の 3 点となります（⇒Q22）が、枠組みとして当てはまるのは、2．及び 3．と考えられます。

1．意図的放出物の登録
2．指定化学物質含有の把握と届出
3．指定化学物質含有の川下使用者への情報提供

指定化学物質とは SVHC の性状を持つ認可対象候補物質（CLS）のことですので、潤滑油の成分で CLS に該当するものが対象となります。

なお、このように成形品内部にある潤滑油は成形品の一部として取り扱うことが通常ですが、同じ潤滑油でも給油や補充のために潤滑油そのものをボトル等の容器に入れて供給する場合は、もちろんその潤滑油は化学物質管理規則上の混合物としてその成分の登録が必要になります。

第 2 章　海外製品環境規制

Q52

認可について、CLS（SVHC）・認可対象物質はどのように決まるのでしょうか。

Answer

認可は、認可対象物質の成形品への組み込み・混合物の生産をする場合にしなければならない手続きです。EU 域内の工場等で製品を製造する場合に必要になります。

認可対象物質は、選択された高懸念物質（SVHC）が指定されて認可対象候補物質（CLS）となりますが、その過程は以下のように決められています。

（1）　認可対象候補物質リストの作成

SVHC の性状を持つ、EU REACH 規則第57条に基づいて特定される化学物質から ECHA、加盟国が選定します。ここで作成された認可対象候補物質リストに収載された物質が届出の対象となります。

（2）　優先評価物質の抽出

パブリックコメントの募集などを経て、ECHA と加盟国が EU 委員会に認可対象物質を勧告します。

（3）　EU REACH 規則附属書 XIV 収載

EU 委員会が認可対象物質を決定し、EU REACH 規則附属書 XIV に収載されます。

"附属書"は、もちろん EU REACH 規則の一部であって法文です。一方で認可対象候補物質リストは行政（ECHA）が管理しています。

この認可対象物質を指定する過程からは、いったん、認可対象候補物質から「候補」が取れて認可対象物質になれば、通常の感覚では認可対象候補物質

81

（CLS）リストからは削除されそうなものですが、これまで削除はされたことはなく、認可対象物質であり、かつ認可対象候補物質でもあるという状態になっているようです。

　認可対象物質とCLSの法対応はこれまでに説明してきた通り、認可対象物質はEU域内で成形品への組込み・混合物の生産をする場合に認可取得が義務となる物質ですが、すでに完成した成形品を海外から輸入する場合にはする必要はありません。

　一方で、CLSはその成形品含有についての届出及びサプライチェーン上での情報提供義務の対象となるもので、EU域外から輸入する成形品もその対象となります。

第 2 章　海外製品環境規制

Q53

　海外から EU に輸入する場合に成形品に認可対象物質が含まれていても対象外という認識ですが、EU 加盟国から他の EU 加盟国に成形品をさらに輸出した場合も対象外でしょうか。

Ａnswer

　認可対象物質を、EU 域内で上市もしくは自らの使用により行われる成形品への組み込みをする場合には、認可を受けなければなりません（EU REACH規則第56条）。

第56条　一般的な規定（筆者翻訳）
１．製造者、輸入者又は川下使用者は、物質が附属書 XIV に収載される場合には、以下の場合を除き、その物質を使用するために上市、又は自ら使用してはならない。
　（a）物質そのものもしくは混合物に含まれる物質の用途、又は物質の上市もしくは自らの使用により行われる成形品への物質の組み込みが、第60条から第64条までにしたがって認可されている場合（以下略）

　上記条文の「物質そのものもしくは混合物に含まれる物質の用途、又は物質の上市もしくは自らの使用により行われる成形品への物質の組み込み」を EU域外から輸入する完成された成形品に対しては行わないので、同成形品は認可の対象とならないことになります。

　また「EU 域内での上市」とは EU REACH 規則第 3 条に次のようにあります。

第 3 条　定義（筆者翻訳）

83

12. 上市とは、有償か無償かにかかわらず、第三者に対して供給又は利用可能にすることをいう。輸入は上市とみなす。

また、同第3条にある関連用語の定義を確認すると下記の通りです。

第3条 定義（筆者翻訳）
10. 輸入とは、欧州共同体の税関管轄区内への物理的な導入のことをいう。
11. 輸入者とは、輸入に責任を持つ、欧州共同体内に所在する自然人又は法人のことをいう。

これらの定義を踏まえると、「欧州共同体の税関管轄区内への物理的な導入」と定義された輸入にあてはまるのは、最初のEU加盟国への導入で完了しており、その後でのEU加盟国間で移動は輸入とはならず、したがって認可の対象にはなりません。

第2章　海外製品環境規制

Q54

CLS のサプライチェーン上の情報開示はどのようなものでしょうか。

Ⓐnswer

EU REACH 規則第33条に規定されたサプライチェーン上の情報開示は、CLS の成形品含有率が0.1重量％を超える時に情報開示を義務とするものです。年間数量のしきい値はありません。

一般消費者向けには情報請求があってから45日以内に開示することとされています。なお、対象とされる成形品は、情報請求した一般消費者が実際に購入していない場合でもその対象とする運用がされています。

企業向けに納品する場合は情報請求がなくとも、開示する必要があるとされています。

情報開示の方法としては一般消費製品等では、企業がウェブサイトに掲載して公開しているのを多く見かけます。また、問い合わせのあった顧客のみに公開されるようにパスワードを設定している場合もあるようです。

企業向けに納品する場合では、納品書や検査成績書に情報を記載している例や、また自社のサプライヤー企業向けに専用ウェブサイトを設けている例等、情報伝達のための様々な工夫がされています。

Q55

　新たに指定された CLS の含有を確認するためにサプライチェーンを通して調査した結果、含有していることが判明した場合は SCIP に届出することになりますか。

Ⓐnswer

　EU 指令2018/851 Waste Framework Directive（廃棄物枠組み指令、以下、WFD）は、廃棄物の人健康影響と、循環経済への移行に不可欠な資源の効率的な使用を改善するための措置を定めるもので、EU REACH 規則で定める CLS を含む製品を製造、輸入、または供給している企業は、2021年1月5日以降、これらの製品に関する情報を SCIP データベースに届出することが義務となりました。

〈参考〉

・ECHA ウェブサイト「Waste Framework Directive（WFD）」
　https://echa.europa.eu/wfd-legislation

　CLS の情報を（SCIP データベースにより）提供すべき、とされている根拠法文は WFD 第9条1.(i)によるもので、これは REACH 規則第33条(1)に基づくものとなっています。

第9条1.（筆者翻訳）

(i) 2021年1月5日以降、EU レベルで定められた材料及び製品に関する調和のとれた法的要件を損なうことなく、材料及び製品中の有害物質の含有量の削減を促進し、欧州議会及び理事会の規則（EC）No 1907/2006の第3条(33)に定義される成形品の供給者が、同規則の第33条(1)に従って欧州化学品庁に情報を提供することを確保すること。

第2章　海外製品環境規制

　したがって、CLSの取扱いについてはEU REACH規則第33条(1)を準用することになりますので、EU REACH規則下で新たなCLSの指定があった場合にはそれに伴ってSCIPデータベースにも届出することが必須となるでしょう。

第33条　成形品中の物質に関する情報を伝達する義務（筆者翻訳）
(1)　第57条の基準を満たす物質を含み、かつ、第59条(1)の規定に従って特定
　　された重量化の0.1％を超える濃度の物品の供給者は、当該物品の受領者に
　　対し、当該物品を安全に使用するために入手可能な十分な情報、少なくとも
　　その物質の名前を提供しなければならない。

87

Q56

EU REACH 規則の制限物質、例えば Entry 28〜30の具体的な対象物質の探し方について教えてください。

Ⓐnswer

Entry 28〜30は、CMR（発がん性、変異原性、生殖毒性）といった性状によって指定されているもので、具体的な物質としては CLP 規則によって CMR であると特定されたもののうちから、さらに選択されて EU REACH 規則の付録（Appendix）に収載された物質がその制限の範囲になるとされています。

以下は Entry 28（発がん性）の例です。

Substances which are classified as carcinogen category 1A or 1B in Part 3 of Annex VI to Regulation（EC）No 1272/2008 and are listed in Appendix 1 or Appendix 2, respectively.

〈参考〉

・ECHA ウェブサイト「ANNEX XVII TO REACH – Conditions of restriction」

https://echa.europa.eu/documents/10162/0645e093-576f-c279-ceb9-4f2d1e c3e3bd

法的に対象物質となる範囲は、法文に示されたものが有効とされますが、法文収載に当たって対象物質が化学物質の性状によって表現されている場合もあります。そのような場合は、具体的な物質（CAS 番号などが付与された）としての特定がないと実務上は不便なものになることもあってか、Entry 28〜30

の制限物質は「付録」に具体的物質の名称及び CAS 番号と EC 番号が収載されています。

　ただし「付録」の物質は現時点では ECHA ウェブサイトで公開されているデータベースには収載されておらず、したがって検索してもヒットすることはありません。付録の物質を検索するには EU REACH 規則法文の PDF/ ウェブサイトなどを文書内検索する等の手段しかないようです。

　法文は以下のページのリンクからアクセスできます。

〈参考〉
・ECHA ウェブサイト
　https://echa.europa.eu/substances-restricted-under-reach/-/dislist/details/0b0236e1807e26bf

Q57

　規制物質指定に際して、グループ名・総称名で指定されているものがありますが、成形品の含有状況を把握するにあたってどの程度の範囲で調査すればよいでしょうか。

Ⓐnswer

　法令遵守の対象としてはあくまでもグループ名・総称名が示す範囲すべてを調査・確認して把握する必要があります。とはいっても現実的に対応は難しいかもしれません。

　法文である EU REACH 規則の附属書 XIV には、グループ名・総称名で物質が指定されている場合に CAS 番号が付与されていないものが多くあります。

　例えば、Entry 43 は、4-Nonylphenol, branched and linear, ethoxylated (substances with a linear and/or branched alkyl chain with a carbon number of 9 covalently bound in position 4 to phenol, ethoxylated covering UVCB- and well-defined substances, polymers and homologues, which include any of the individual isomers and/or combinations thereof) として名称が示されていますが、EC 番号、CAS 番号ともに指定がありません。

図表2-12　REACH 規則附属書 XIV の Entry 43

43.	4-Nonylphenol, branched and linear, ethoxylated (substances with a linear and/or branched alkyl chain with a carbon number of 9 covalently bound in position 4 to phenol, ethoxylated covering UVCB- and well-defined substances, polymers and homologues, which include any of the individual	Endocrine disrupting properties (Article 57 (f) —envi-ronment)	4 July 2019	4 January 2021	—	—

90

isomers and/or combinations thereof) EC No:― CAS No:―					

出典：欧州連合ウェブサイトを基に筆者作成。
https://eur-lex.europa.eu/legal-content/EN/TXT/HTML/?uri＝CELEX:32017R0999

　法令で指定された名称に合致した化学物質はすべて対象になりますが、名称だけではサプライチェーン上の調査もままならないかもしれません。行政庁である ECHA では"Official source"や"Expert judgement"などとして EC 番号、CAS 番号を提供していますが、これらはあくまでも参考であって法文による指定が優先とされています。しかしサプライチェーンの事情も考慮すると EC 番号、CAS 番号が指定されたもののみに調査範囲が限定されることもやむをえないかもしれません。

図表2-13　COMMISSION REGULATION（EU）2017/999より

❯ Group members ⑦

This group of substance has the following member substances:

Name	EC / List no.	CAS no.	Association
2-{2-[4-(3,6-dimethylheptan-3-yl)phenoxy]ethoxy}ethanol	687-833-9	1119449-38-5	Official source
2-[2-[2-[2-(4-nonylphenoxy)ethoxy]ethoxy]ethoxy]ethanol	230-770-5	7311-27-5	Official source
4-Nonylphenol, branched, ethoxylated 1 - 2.5 moles ethoxylated	500-315-8	127087-87-0	Official source
Nonylphenol, branched, ethoxylated 1 - 2.5 moles ethoxylated	500-209-1	68412-54-4	Official source
4-Nonylphenol, ethoxylated 1 - 2.5 moles ethoxylated	500-045-0	26027-38-3	Official source
Nonylphenol, ethoxylated	500-024-6	9016-45-9	Official source

法文でグループ名・総称名を以て指定された物質の EC 番号、CAS 番号を ECHA（行政庁）が提供する。
出典：ECHA ウェブサイト
https://echa.europa.eu/authorisation-list/-/dislist/details/0b0236e1804df205

91

Q58

　各国の化学物質管理規則における成形品の規制について教えてください。

Ⓐnswer

　化学物質管理規則において、直接成形品をその対象範囲とするのは、EU REACH 規則のみといってよいかもしれません。EU REACH 規則では法文で定義した成形品に対して一律に課す義務等を規定していますが（⇒Q 9、43）、一方で、他の化学物質管理規則が成形品を規制する場合は、まず対象となる化学物質があり、その化学物質を中心とした規制内容の中に成形品を入れる、という方法になります。そのためもあると思われますが、EU REACH 規則以外の米国 TSCA（連邦法として）や化審法では「成形品」を定義していません。

　米国 TSCA では CFR（日本の政省令的な位置付け）によって成形品が定義された箇所が数カ所ありますが（互いに少しずつ定義の内容が違いますが実質的には同じと考えられます）、これらは CFR で定められたそれぞれの物質規制ごとに適用されるもので、米国 TSCA 全体にわたってのものではありません。また日本の化審法では「製品」という言葉を使用していますが「成形品」という言葉が使用されていることはありません。

　EU REACH 規則という先鞭がありながら、成形品を直接規制範囲とする法改正はなされていないことにはなりますが、これは EU REACH 規則が成形品を範囲としたことで引き起こされた、定義解釈や重量の分母問題などの端的にいえば行政施策としての混乱も一部影響しているのではないかと愚考するところです（⇒Q47）。しかし、このような混乱は EU REACH 規則施行後10年程度の間に交わされた議論の後には収まっていると見ることもできます。

　EU REACH 規則以外の化学物質管理規則では、必要に応じて成形品をある

特定の化学物質を規制するにあたって対象とすることもある、という取扱いですが、米国 TSCA ではその旨を2016年改正の折に法文に織り込んでいるところがあります。SNUR（重要新規用途規則）に関する条項ですが抜粋して以下に示します。

Section 5（a）

（5）Article consideration.

The Administrator may require notification under this section for the import or processing of a chemical substance as part of an article or category of articles under paragraph（1）（A）（ii）if the Administrator makes an affirmative finding in a rule under paragraph（2）that the reasonable potential for exposure to the chemical substance through the article or category of articles subject to the rule justifies notification.

（筆者翻訳）

セクション 5（a）

（5）成形品への考慮

　所管官庁（EPA）は、パラグラフ(2)による規則において、成形品からもしくは成形品カテゴリーからの化学物質の潜在的ばく露について、届出が妥当であるという肯定的見解を見出した場合、この条項に基づきパラグラフ(1)（A)(ii)の下での成形品もしくは成形品カテゴリーの一部である化学物質の届出を要求することができる。

　また、EU REACH 規則以外の化学物質管理規則では、「成形品」を意味する Article の他にも Product、Manufactured Item など様々な文言が用いられ、その意味するところも化学物質、混合物、成形品を単独で指す、またはその組み合わせとする（例えば Product に化学物質、混合物としての範囲を持たせて成形品を含めない）等、それぞれの法令がそれぞれに個別の意味を持たせていますので、まずこれらの文言の定義を確認することは当然で、落とせないも

のになっています。

　日本の化審法にあっては「製品」という言葉が用いられていますが、これも化学物質、混合物、成形品を実質的に指す文言と理解することができます。（⇒Q59）

Q59

化審法において、成形品はどのように定義、規制がされていますか。

Answer

化審法においては「成形品」という用語は定義されておらず、あまねく「成形品」を直接対象としては規制していませんが、「化合物」を直接の対象として、例えば第一種特定化学物質を含有する製品（事実上の成形品もしくは混合物）（化審法第24条）を規制することができます。

「成形品」という用語は定義されていないものの、「化学物質の審査及び製造等の規制に関する法律の運用について」（いわゆる運用通知）には「製品」の説明の一部として「固有の商品形状を有するものであって、その使用中に組成や形状が変化しないもの（例：合成樹脂製什器・板・管・棒・フィルム）。ただし、当該商品がその使用中における本来の機能を損なわない範囲内での形状の変化（使用中の変形、機能を変更しない大きさの変更）、本来の機能を発揮するための形状の変化（例：消しゴムの摩耗）や、偶発的に商品としての機能が無くなるような変化（使用中の破損）については、組成や形状の変化として扱わない。」という記述があり、これは事実上、OECD や EU REACH 規則等で定義された「成形品」に類似し、ほぼこれに相当する内容になっていると考えられるでしょう。

化審法では「製品」は「化合物」に対するものとして位置付けられており、イ）化審法施行令に定められた製品で、指定された化審法の条文で対処するもの（ここでは「化審法施行令に定められた製品」と呼ぶ）、ロ）上記に示した「成形品」相当品、及びハ）「店頭等で販売されうる形態になっている混合物」の3種類に立て分けられています。

イ）の化審法施行令が定める製品は以下の通りです。

・第一種特定化学物質が使用されている場合に輸入することができない製品
　（第7条）
・第二種特定化学物質が使用されている場合に輸入予定数量等を届け出なけれ
　ばならない製品（第8条）
・技術上の指針の公表を行う第二種特定化学物質が使用されている製品（第9
　条）
・法第28条第2項の政令で定める製品（附則3）

　なお、化審法の条文で対処するとして指定された条文も運用通知に列挙され
ていますが、化審法の章ごとに示せば次の通りとなります。

図表2-14　化審法で指定された対処方法

第5章　第一種特定化学物質に関する規制等	第6章　第二種特定化学物質に関する規制	第7章　雑則
第2節　第一種特定化学物質に関する規制 第24条（製品の輸入の制限） 第28条（基準適合義務） 第29条（表示等） 第30条（改善命令） 第34条（第一種特定化学物質の指定等に伴う措置命令）	第35条（製造予定数量の届出等） 第36条（技術上の指針の公表等） 第37条（表示等）	第39条（指導及び助言） 第42条（取扱の状況に関する報告） 第43条（報告の徴収） 第44条（立入検査等） 第48条（要請）

　上記のイ）化審法施行令に定められた製品以外の製品は、ロ）「成形品」相
当品もしくはハ）「店頭等で販売されうる形態になっている混合物」に立て分
けられることになり、ロ）とハ）はいずれも化審法の対象にはならないと理解
できます。

　ここでイ）化審法施行令に定められた製品は具体的にどのようなものが指定

96

されているか見てみましょう。化審法施行令第7条（第一種特定化学物質が使用されている場合に輸入することができない製品）から第一種特定化学物質であるポリ塩化ビフェニルについて指定された製品を以下に示します。

図表2-15　化審法施行令第7条より

第一種特定化学物質	製　品
一　ポリ塩化ビフェニル	一　潤滑油、切削油及び作動油 二　接着剤（動植物系のものを除く。）、パテ及び閉そく用又はシーリング用の充填料 三　塗料（水系塗料を除く。）、印刷用インキ及び感圧複写紙 四　液体を熱媒体とする加熱用又は冷却用の機器 五　油入変圧器並びに紙コンデンサー、油入コンデンサー及び有機皮膜コンデンサー 六　エアコンディショナー、テレビジョン受信機及び電子レンジ

　このように「製品」には「成形品」相当と考えられるものと「混合物」と考えられるものの両方が入っていることがわかります。化合物として第一種特定化学物質そのものは規制されますが、第一種特定化学物質が使用（ちなみに化審法では「使用」という文言のみで、「含有」「組込み」は言葉として使われていないようです（⇒Q60））された「製品」は施行令で指定されない限り、化審法によって義務的に規制はされない、ということになります。

　EU REACH規則のように成形品を直接の対象とする化学物質管理規則の概念も周知されてきていますが、化審法とのギャップもありますので両者の区別に注意を要する場合もあるでしょう。

　次の図表に対象物を化学物質、混合物、成形品として化審法とEU REACH規則について概略を示します。

97

図表2-16　化審法と EU REACH 規則の概略

対象物	化審法	EU REACH 規則
化学物質	管理対象	管理対象
混合物	成分物質ごとに管理 ・混合物全体が施行令で指定された場合は「製品」として取扱い、相当する化審法条文で対処する。 ・店頭等で販売されうる形態になっている混合物は、「製品」として化審法では取り扱わない。	成分物質ごとに管理
成形品 ※化審法では定義されていない。	施行令で指定された「製品」は相当する化審法条文で対処する。 それ以外の「成形品」相当品は、「製品」として化審法では取り扱わない。	成形品をあまねく対象として、指定された化学物質の使用・組み込み・含有について管理

〈参考〉

　経済産業省ウェブサイト「化学物質の審査及び製造等の規制に関する法律の運用について」（平成30年9月3日付け薬生発0903第1号・20180829製局第2号・環保企発第1808319号厚生労働省医薬・生活衛生局長・経済産業省製造産業局長・環境省大臣官房環境保健部長連名通知）（最終改正平成30年12月3日）

https://www.meti.go.jp/policy/chemical_management/kashinhou/files/about/laws/laws_h30120351_0.pdf

該当部分を引用

1　化学物質の範囲関係

（4）化学物質の審査及び製造等の規制に関する法律施行令（昭和49年政令第202号。以下「施行令」という。）で定められた製品については、「化合物」とはせず、法第24条（製品の輸入の制限）、第28条（基準適合義務）、第29条（表示等）、第30条（改善命令）、第34条（第一種特定化学物質の指定等に伴う措置命令）、第35条（製造予定数量の届出等）、第36条（技術上の指針の公表等）、第37条（表示等）、第39条（指導及び助言）、第42条（取扱の状況に関する報

告）、第43条（報告の徴収）、第44条（立入検査等）、第48条（要請）により対処するものとする。また、施行令で定められていないものであり、次の①又は②に該当するものについては、「化合物」とはせず、「製品」とみなして扱い、本法以外の関連法令等により対処するものとする。

① 固有の商品形状を有するものであって、その使用中に組成や形状が変化しないもの（例：合成樹脂製什器・板・管・棒・フィルム）。ただし、当該商品がその使用中における本来の機能を損なわない範囲内での形状の変化（使用中の変形、機能を変更しない大きさの変更）、本来の機能を発揮するための形状の変化（例：消しゴムの摩耗）や、偶発的に商品としての機能が無くなるような変化（使用中の破損）については、組成や形状の変化として扱わない。

② 必要な小分けがされた状態であり、表示等の最小限の変更により、店頭等で販売されうる形態になっている混合物（例：顔料入り合成樹脂塗料、家庭用洗剤）

Q60

　成形品に対する化学物質の関わり方として EU REACH 規則では使用・組込み・含有の３つの言葉があるようです。それぞれの意味を教えてください。

Ａnswer

　EU REACH 規則では、成形品に対する「使用」、成形品への「組込み」、成形品中の「含有」の３つの言葉はそれぞれの意味を持って、立て分けて使用されています。

・成形品に対する「使用」

　「使用」は第３条(24)に以下の通りに定義されています。「組込み」と「含有」の両方の意味も包含して、様々な意味を含んでいると理解することができます。

> 第３条(24)　使用とは、あらゆる加工、配合、消費、貯蔵、保管、処理、容器への充てん、１つの容器から他の容器への移し変え、混合、成形品の製造、その他あらゆる使用をいう。（筆者翻訳）

・成形品への「組込み」

　成形品製造時、成形品を構成する物質になる、といった動的なイメージが「組込み」と理解できます。EU REACH 規則第３条には言葉としての定義はありません。第56条に"incorporation"として現れます。

・成形品中の「含有」

　成立している成形品に含有している静的な状態と理解することができます。EU REACH 規則第３条には言葉としての定義はありません。

第 2 章　海外製品環境規制

　このように「使用」はすべての工程を指しており、「使用」には「組込み」
「含有」の 2 つの言葉が指す意味も包含していることになります。「組込み」は
認可の対象となるプロセス、「含有」は成形品に含まれている状態を示してお
り、これらを立て分けることによって、規制の内容が明確化されているという
ことができます。

101

Q61

日中欧米の化学物質管理規則における成形品の定義はどのような
ものでしょうか。

Answer

　成形品の定義から、一定の形状・表面状態、化学変化、変形について、以下
の表で示します。ただし日本の化審法においては「成形品」という言葉自体が
語彙として用いられておらず、「製品」の定義の1つとして事実上の成形品の
定義が示されています。

図表2-17　成形品の定義

法令	一定の形状・表面状態	化学変化	変形	その他
EU REACH 規則	必須	言及なし	特定の形状・デザインが成形品の条件とされているが、積極的に「変形」を許容しないとはされていない	—
米国 40 CFR 704.3（CFR には他にも数カ所でほぼ同じ定義が示されている）		使用目的以外の化学変化は許容		液状・粒状のものは除外
中国 MEP12号令新化学物質申報登記指南				—
日本 化審法運用通知（「製品」定義の一部として）		許容しない	許容しない	—

　成形品をその法令適用の対象の主体しているのは EU REACH 規則のみで
す。他法令では規制物質の規制内容として成形品をその対象とすることがあ
る、といった取扱いです。

第3章

化学物質管理規則による規制物質の指定

Q62

　最近は規制物質が次から次へと指定されていますが、どのような仕組みで決定されるのでしょうか。

Ⓐnswer

　化学物質管理規則によってある物質を特定し、なんらかの規制をすることは、その物質が許容しがたい危険有害性を持ち、その使用等によるばく露から人の健康や環境への影響について、すでに存在する影響があればこれを除き、低減させ、また予め防ぐことを目的としていると考えられます。「予め防ぐ」という考え方は1992年の「環境と開発に関する国連会議」でのリオ宣言第15原則にある「予防的アプローチ（Precautionary Approach）」の提言をきっかけとして化学物質管理規則に本格導入されたと見ることもできるでしょう。

　ある化学物質を規制するにあたって、その基礎となるべきものは、やはりその物質の持つ危険有害性でしょう。この危険有害性があるかどうかを判定してこれがある程度以上の場合には、さらに物質の製造や使用時の使用用途や具体的な使用プロセス（使用方法）を考慮して、人へのばく露や、環境への放出等を重要な要素としたリスク評価を実施し、規制に踏み切るかどうかを決定していくと考えられます。

　実際の規制にあたっては、このようにして把握した化学物質としてのリスクだけではなく、さらにその物質を規制したときの社会経済性についても考慮することが当然のこととされてきています。

　物質を規制すれば、その物質の担っていた社会的役割に対してなんらかの手当が必要になります。社会的な必要性が十分低ければ、規制した結果その使用がなくなってしまってもよさそうなものですが、そのような場合は需要がないので規制しなくても、自然消滅していくはずです。したがって、規制される物

質は、ある程度以上のなくなっては困る社会的役割を必ず持っており、規制された物質の代替手段（通常は代替物質）は必須ということになります。代替するにあたっての経済性や、また、代替するための時間的猶予も勘案されるべきものとして扱われます。

　このように規制物質の決定にあたっては、その物質の持つ危険有害性と使用等によるばく露を要素とする「リスク評価」、規制物質の社会的役割から要請される代替物質の必要性、代替にあたっての経済性を要素とする「社会経済性」の２つを考慮して規制の対象となる物質とその規制内容を決定することが通常でしょう。「リスク評価」と「社会経済性」という２つの概念は、これらを車の両輪のように検討することを明確に標榜していない場合であっても、実際には多くの法令で相当な程度、規制内容決定に際して考慮されているようです。このことを制度的に明確に打ち出しているのはストックホルム条約のPOPRC（POPs検討委員会）（⇒Q64）及びEU REACH規則でのRAC（The Committee for Risk Assessment）とSEAC（The Committee for Socio-Economic Analysis）の両委員会制度（⇒Q66）といえるでしょう。

図表3-1　規制物質の決定

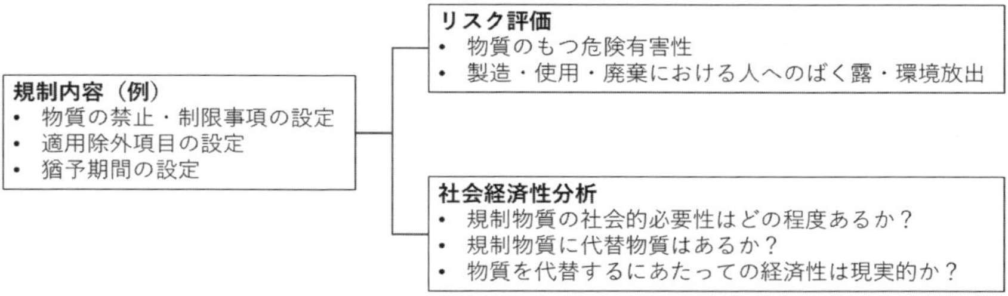

リスク評価
- 物質のもつ危険有害性
- 製造・使用・廃棄における人へのばく露・環境放出

規制内容（例）
- 物質の禁止・制限事項の設定
- 適用除外項目の設定
- 猶予期間の設定

社会経済性分析
- 規制物質の社会的必要性はどの程度あるか？
- 規制物質に代替物質はあるか？
- 物質を代替するにあたっての経済性は現実的か？

Q63

化学物質を規制するにあたっての危険有害性とはどのようなものでしょうか。

Ⓐnswer

　発がん性のような危険有害性は"おなじみ"かもしれませんが、危険有害性とされるものはこれだけではなく、GHS によって整理された「危険有害性クラス」に沿って規制の検討がなされていると考えてよいでしょう。もちろん GHS の危険有害性以外のものについても規制されるべき危険有害性とされるものはあり、例としては内分泌かく乱作用などがあります。

　危険有害性は、物理的化学的危険性、健康に対する有害性、環境に対する有害性の 3 種類に立て分けられています。ちなみに物理的化学的については「危険性」、健康に対する「有害性」、環境に対する「有害性」から、全体を総合して「危険有害性」と呼んでいます。

　次図に GHS の危険有害性クラスを示します。

第3章　化学物質管理規則による規制物質の指定

図表3-2　GHS の危険有害性クラス

物理化学的危険性	健康に対する有害性	環境に対する有害性
爆発物	急性毒性	水生環境有害性　短期（急性）
可燃性ガス（化学的に不安定なガスを含む）	皮膚腐食性 / 刺激性	水生環境有害性　長期（慢性）
エアゾール	眼に対する重篤な損傷性 / 眼刺激性	オゾン層への有害性
酸化性ガス	呼吸器感作性または皮膚感作性	
高圧ガス	生殖細胞変異原性	
引火性液体	発がん性	
可燃性固体	生殖毒性	
自己反応性化学品	特定標的臓器毒性（単回ばく露）	
自然発火性液体	特定標的臓器毒性（反復ばく露）	
自然発火性固体	誤えん有害性	
自己発熱性化学品		
水反応可燃性化学品		
酸化性液体		
酸化性固体		
有機過酸化物		
金属腐食性物質		
鈍性化爆発物		

　危険有害性クラスの名称から、その内容は「なんとなくわかった」ような気にさせられますが、わかりにくいものは「皮膚感作性」かもしれません。「皮膚感作性」とは一言でいえばアレルギー反応のことです。一つひとつの言葉の定義は国連 GHS 文書をご覧ください。

107

Q64

　ストックホルム条約によって度々規制物質が追加され、業務への影響が大きいです。どのような仕組みで規制物質が決まるのでしょうか。

Answer

　ストックホルム条約（POPs 条約）は、リオ宣言第15原則に掲げられた予防的アプローチに留意し、残留性有機汚染物質（POPs：Persistent Organic Pollutants）から、人の健康の保護及び環境の保全を図ることを目的として、2001年に採択され2004年に発効しました。

　条約は国同士の法律といわれ、締約国はさらに条約の内容を国内で遵守させるいわゆる担保法を設定します。日本は化審法を担保法として、POPs 条約の規制物質は化審法第一種特定化学物質に指定されます。実際に POPs 条約の規制物質のうち、附属書 A 及び B に収載された物質がこのような取扱いをされています。第一種特定化学物質は原則的に製造・輸入が禁止されますので、今まで使用していたとすれば、第一種特定化学物質に指定された時点で、これを中止しなければならなくなることが多く、そのために業務への影響は多大なものになっていると思われます。

　ストックホルム条約では、まず締約国による物質の提案からはじまり、提案を受けた POPRC（POPs Review Committee：POPs 検討委員会）がリスクプロファイル、リスク管理評価書を作成して、締約国会議（COP：Conference of the Parties）に規制物質に相当するかどうか勧告します。リスクプロファイルでは化学物質のリスクが、リスク管理評価書では社会経済性が検討されます（⇒Q62）。

締約国会議で決定されれば、附属書（A ～ C）に収載されて規制物質となります。

・附属書 A　廃絶
・附属書 B　原則制限
・附属書 C　非意図的生成物質

これを受けて、日本では化審法第一種特定化学物質の該非検討に入ります。検討は学識経験者等で構成される第三者的な組織として、薬事審議会化学物質安全対策部会化学物質調査会（厚生労働省）、化学物質審議会安全対策部会（経済産業省）、中央環境審議会環境保健部会化学物質審査小委員会（環境省）が合同で審議して、結果をそれぞれの大臣に答申します。第一種特定化学物質に指定することが適当と判断されれば政令として公布・施行されます。

第一種特定化学物質の取扱いの概要は以下の通りですが、（1）及び（2）が主な措置となり（3）～（5）は必要に応じて付帯されるのが実際と思われます。

（1）　製造・輸入の原則禁止
（2）　政令指定製品の輸入禁止
（3）　政令指定用途（エッセンシャルユース）以外の使用禁止
（4）　取扱い等に係る技術上の基準
（5）　製品の回収等の措置命令

Q65

日本の化審法の規制物質はどのように決まるのでしょうか。

Ⓐnswer

化審法は1973年に公害の未然防止の必要性から、人の健康及び生態系に影響を及ぼすおそれがある化学物質による環境の汚染を防止することを目的として制定されました。制定のきっかけは特に PCB による公害事件と思われますが、それだけに化学物質の難分解性や生体蓄積性を重視した内容になっています。

図表3-3　規制物質

区分	製造・輸入・使用量の把握	有害化学物質には様々な規制を設定
第一種特定化学物質 難分解・高蓄積・人への長期毒性又は高次捕食動物への長期毒性あり	・製造・輸入許可制 （必要不可欠用途以外は禁止）	・政令指定製品の輸入禁止 ・回収等措置命令　等
監視化学物質 難分解・高蓄積・毒性不明	・製造・輸入実績数量 ・詳細用途等の届出	・有害性調査指示 ・情報伝達の努力義務
第二種特定化学物質 人健康影響・生態影響のリスクあり	・製造・輸入（予定及び実績）数量、用途等の届出 ・必要に応じて予定数量の変更命令	・取扱いについての技術指針 ・政令指定製品の表示　等
優先評価化学物質	・製造・輸入実績数量 ・詳細用途別出荷量等の届出	・有害性調査指示 ・情報伝達の努力義務
特定一般化学物質 一般化学物質	・製造・輸入実績数量 ・用途等の届出	・情報伝達の努力義務（特定一般化学物質のみ）

出典：経済産業省ウェブサイト「化審法の体系」を基に筆者作成。
https://www.meti.go.jp/policy/chemical_management/kashinhou/files/about/law_scope.pdf

規制物質は第一種特定化学物質及び第二種特定化学物質ですが、その他に主に製造・輸入量や使用用途等の実態調査を目的とした監視化学物質、優先評価化学物質、一般化学物質及び特定一般化学物質の区分がリスクの程度により設定されています。

化学物質のリスク評価は国が主導して実施するものとなっており、全体としてはスクリーニング評価とリスク評価の二段構えとなっています。

第一段階目のスクリーニング評価は、届出情報等に基づいた推計環境排出数量と文献や報告書の情報から把握した危険有害性の2つの要素を吟味する評価で、いわば書面審査といえる内容になっています。この段階で抽出された優先評価化学物質が次段階のリスク評価を受けることになります。

第二段階目のリスク評価についても把握できたデータを中心に実施されますが、必要に応じて事業者等への有害性調査指示（安全性評価試験実施含む）も可能となっています。

上記に述べたどの区分（一般化学物質／優先評価化学物質）でも難分解性、高蓄積性が判明すれば、監視化学物質の指定を経て第一種特定化学物質に指定

図表3-4　第一種特定化学物質に指定されるルート

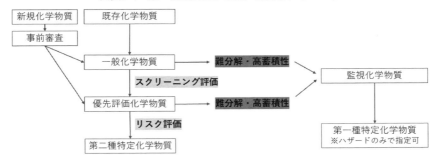

されるルートに入ります。

　第一種特定化学物質の指定は、最近はほとんどストックホルム条約によって規制物質となった物質が指定されています。附属書A（廃絶）に収載された物質はもちろんですが、附属書B（原則制限）収載の物質についても第一種特定化学物質に指定されています（例：PFOSとその塩及び関連物質）。

　第二種特定化学物質については最近（2024年9月27日）に「α－（ノニルフェニル）－ω－ヒドロキシポリ（オキシエチレン）（別名ポリ（オキシエチレン）＝アルキルフェニルエーテル（アルキル基の炭素数が9のものに限る。））」（NPE）が指定されることが政令公布されました（施行は2025年4月1日予定）。第二種特定化学物質としてはこのスキームとなってから最初の指定と思われます。

　スクリーニング評価・リスク評価、または審議されている対象物質等の現状については「化審法におけるスクリーニング評価・リスク評価」（経済産業省ウェブサイト）をご参照ください。

図表3-5　優先評価化学物質のリスク評価ステータス

通し番号	優先評価化学物質の名称	人健康影響		生態影響		数量監視中	評価Ⅱ以降の審議予定
		評価ステータス		評価ステータス			
77	ジシクロペンタジエン	スクリーニング評価を実施		評価Ⅰ段階			
78	3，3'－ジクロロベンジジン	優先取取引取消済み（数量監視）					
79	ビシクロ〔2，2，1〕ヘプタン－2，3（又は2，6）－ジイル－ジシアニドの混合物	優先取取引取消済み（数量監視）※256として優先評価化学物質に再指定					
80	1，4－ジオキサン	評価Ⅱ段階		（スクリーニング評価の結果）優先評価化学物質非該当			2026FY以降
81	モルホリン	評価Ⅰ段階		（スクリーニング評価の結果）優先評価化学物質非該当			
82	ε－カプロラクタム	評価Ⅰ段階		（スクリーニング評価の結果）優先評価化学物質非該当			
83	ピリジン－トリフェニルボラン〔1／1〕	優先取指定取消済み（数量監視）					
84	ビス（2－スルフィドピリジン－1－オラト）鋼	評価Ⅰ段階		評価Ⅱ段階			2026FY以降（再掲載）
85	ラカリウム＝ビベラジン－1，4－ビス（カルボジチオアート）			（スクリーニング評価の結果）優先評価化学物質非該当			
86	α－（ノニルフェニル）－ω－ヒドロキシポリ（オキシエチレン）（別名ポリ（オキシエチレン）＝ノニルフェニルエーテル）	（スクリーニング評価の結果）優先評価化学物質非該当		評価Ⅱ段階（第二種特定化学物質へ指定予定）			
87	4，4'－イソプロピリデンジフェノールと1－クロロ－2，3－エポキシプロパンの重縮合物（別名ビスフェノールA型エポキシ樹脂）（液状のものに限る。）	評価Ⅰ段階		優先評価化学物質非該当			
88	シクロヘキサ－1－エン－1，2－ジカルボ酸ビスイソトリデシル（1RS）－cis+trans－2，2－ジメチル－3－（2－メチルプロパ－1－エニル）シクロプロパンカルボキシラート（別名テトラメトリン）			優先取指定取消済み（数量監視）			
89	過酸化水素			優先取指定取消済み（リスク評価中）			

出典：経済産業省ウェブサイト「化審法におけるスクリーニング評価・リスク評価」（2024年4月1日）

https://www.meti.go.jp/policy/chemical_management/kasinhou/information/ra_index.html

※通し番号86がNPE

112

同ページにリスク評価の実施状況の概要として、「優先評価化学物質のリスク評価ステータス（2024年4月1日）」が掲載されていますので抜粋引用して示します。

このページからは、現在評価中の物質情報を得ることができ、ある程度の規制の見通しの参考になると思われます。

Q66
EU REACH 規則の規制物質はどのように決まるのでしょうか。

Answer

EU REACH 規則のいわゆる規制物質は、認可対象物質、認可対象候補物質及び制限物質です（認可対象候補物質については⇒ Q52）。

1．認可対象物質

認可対象物質は、成形品への組み込み、混合物を製造する際に申請して認可を受けなければならない対象となる物質です。「認可」は EU 域内での製造に際して適用される手続きですので、海外、例えば日本国内で既に製造され、成形品中に認可対象物質が含有した状態の場合は要求されることはありません。

認可対象物質は、候補物質リストの作成、優先評価物質の抽出、認可を決定し附属書 XIV に収載、という手順で決定されます。

（1） 候補物質リストの作成

SVHC（⇒ Q22）の性状を持つ、EU REACH 規則第57条に基づいて特定される化学物質から ECHA、加盟国が選定します。ここで作成された候補物質リストが届出の対象となります。

（2） 優先評価物質の抽出

パブリックコメントの募集などを経て ECHA と加盟国が EU 委員会に認可対象物質を勧告します。

（3） 認可対象物質として附属書 XIV に収載

EU 委員会が認可対象物質を決定し、REACH 規則附属書 XIV に収載します。

ちなみに認可申請手続きについては、以下の情報の提出が求められます。

（1）　化学物質安全性レポート

　化学物質のリスク・安全性の程度を示します。

（2）　社会経済性分析

　物質使用に際しての社会的利益／損失と経済的利益／損失のバランスを分析評価します。

（3）　物質代替性

　代替手段（代替物質または代替技術）の存在の有無を示し、代替実施計画を示します。

２．制限物質

　制限物質は、指定された物質にそれぞれの規制条件（制限条件）を付して施行するものです。制限条件は「制限」に対する一律のものではなく物質固有に条件が設定されています。

　制限物質は加盟国またはECHAより附属書XVドシエに則した提案を受け、まずECHAの委員会であるRACとSEACによってそれぞれ「リスク」及び「社会経済性」が評価・分析されて制限条件が検討され、法案として公告、意見募集の後に最初の提案から1〜2年程度でその条件とともに決定されます。制限条件の決定はリスクの確定を意味しており、届出のような手続きは一切要求されませんが、制限条件をそのまま厳守することが求められます。

　2023年2月にあったPFAS制限提案は大きな影響を及ぼしており、意見募集においても5,600件以上もの意見が寄せられて、現時点（2024年10月）ではその意見の整理と内容検討がなされていますが、ここに示した標準的プロセスの時間軸から、大きく外れざるを得ない状況と思われます。

３．認可と制限手続きの比較

　認可と制限の手続きを見てきましたが、両者ともに「リスク評価」「社会経済性分析」を実施して当該物質を製造・輸入・使用等した場合のリスク管理や

図表3-6 制限物質決定プロセス

規制の内容を決定する、ということに類似点があることがわかります。

認可では「リスク評価」「社会経済性分析」を申請者側の使用方法に基づいて実施する一方で、制限では「リスク評価」「社会経済性分析」をRAC/SEAC両委員会が実施し、リスクが許容できる程度の使用方法として制限条件を設定すると見ることができるでしょう。

図表3-7 認可と制限手続きの比較

	認可	制限
リスク評価	申請者が実施	RACが実施
社会経済性分析	申請者が実施	SEACが実施
最終決定	EU委員会	EU委員会
リスクに対する取扱い比較	物質使用のリスクは申請された使用条件等によるものになるで、申請ごとに設定する。	確定したリスクから使用範囲を確定する制限条件及び適用除外を法文(附属書XVII)に設定する。設定された範囲外での使用は認められない。

第3章　化学物質管理規則による規制物質の指定

　PFAS 制限案での意見募集では、当局の要請もあり適用除外についての意見提出も多くみられましたが、提出された適用除外の実現性について RAC ／ SEAC が検討する、といった図式になっており、PFAS 制限案に対する疑似的な「認可」状態になっているといえるかもしれません。

4．規制物質の情報取得

　認可対象候補物質、認可対象物質及び制限物質については、物質が候補とされた段階から公開されています。表示はいずれも検討段階のもので規制物質として確定する以前ですのでご注意ください。規制物質の候補が、規制物質となる割合は、日本での感覚よりも幾分低いように思われますので、以下のリストに収載された時点では、規制対応の参考情報として取扱い、具体的アクションを確定することは避けるべきでしょう。

図表3-8　認可対象候補物質（検討段階）

Substance name	EC / List no	CAS no	Status	Expected date of submission	Submitter	Scope	
Hexamethyldisiloxane	203-492-7	107-46-0	Intention	03-Feb-2025	Norway	PBT (Article 57d)	👁
Dodecamethylpentasiloxane	205-492-2	141-63-9	Intention	03-Feb-2025	Norway	vPvB (Article 57e)	👁
Decamethyltetrasiloxane	205-491-7	141-62-8	Intention	03-Feb-2025	Norway	vPvB (Article 57e)	👁
Barium chromate	233-660-5	10294-40-3	Intention	03-Feb-2025	Netherlands	Carcinogenic (Article 57a)	👁
1,1,1,3,5,5,5-heptamethyltrisiloxane	217-496-1	1873-88-7	Intention	03-Feb-2025	Norway	vPvB (Article 57e)	👁
1,1,1,3,5,5,5-heptamethyl-3-[(trimethylsilyl)oxy]trisiloxane	241-867-7	17928-28-8	Intention	03-Feb-2025	Norway	vPvB (Article 57e)	👁

出典：ECHA ウェブサイト「Registry of SVHC intentions until outcome」（2024年10月1日現在）
https://echa.europa.eu/registry-of-svhc-intentions

図表3-9　認可対象物質（検討段階）

Substance name	EC No.	CAS No.	Intrinsic property	Recommendation round	Status	Date of final recommendation	
bis(2-ethylhexyl) tetrabromophthalate covering any of the individual isomers and/or combinations thereof Bis(2-ethylhexyl) tetrabromophthalate EC No.: 247-426-5 | CAS No.: 26040-51-7	-	-	vPvB (Article 57e)	12th recommendation	Included in draft recommendation		👁
Barium diboron tetraoxide	237-222-4	13701-59-2	Toxic for reproduction (Article 57c)	12th recommendation	Included in draft recommendation		👁
Diphenyl(2,4,6-trimethylbenzoyl)phosphine oxide	278-355-8	75980-60-8	Toxic for reproduction (Article 57c)	12th recommendation	Included in draft recommendation		👁
S-(tricyclo(5.2.1.0'2,6)deca-3-en-8(or 9)-yl O-(isopropyl or isobutyl or 2-ethylhexyl) O-(isopropyl or isobutyl or 2-ethylhexyl) phosphorodithioate X4261	401-850-9	255881-94-8	PBT (Article 57d)	12th recommendation	Included in draft recommendation		👁

出典：ECHA ウェブサイト「Recommendations for inclusion in the Authorisation List」（2024年5月28日現在）

https://echa.europa.eu/recommendations-for-inclusion-in-the-authorisation-list

図表3-10　制限物質（検討段階）

Substance name	EC / List no	CAS no	Status	Expected date of submission	Submitter(s)	Details on the scope of restriction	Latest update	
1,4-dioxane	204-661-8	123-91-1	Intention	03-Oct-2025	Germany	Restriction of the manufacture, placing on the market and use of 1,4-dioxane in surfactants.	18-Oct-2023	👁
Chromium(VI) oxides and chromium(VI) oxyanion acids and salts Oligomers of chromic acid and dichromic acid EC / List no: - | CAS no: - Dichromic acid EC / List no: 236-881-5 | CAS no: 13530-68-2 Chromic acid EC / List no: 231-801-5 | CAS no: 7738-94-5 Chromium trioxide EC / List no: 215-607-8 | CAS no: 1333-82-0	-	-	Intention	11-Apr-2025	ECHA	Restricting the use of certain chromium (VI) substances.	31-May-2024	👁
Octocrilene	228-250-8	6197-30-4	Intention	10-Jan-2025	France	Restricting the placing on the market of mixtures containing octocrilene.	29-Jan-2024	👁
Per- and polyfluoroalkyl substances (PFAS)	-	-	Opinion development	13-Jan-2023	Germany Denmark Netherlands Norway Sweden	Restriction on the manufacture, placing on the market and use of PFASs.	11-Jan-2024	👁

出典：ECHA ウェブサイト「Registry of restriction intentions until outcome」（2024年9月25日現在）

https://echa.europa.eu/registry-of-restriction-intentions

第3章　化学物質管理規則による規制物質の指定

Q67

米国 TSCA の規制物質はどのように決まるのでしょうか。

Answer

米国 TSCA の規制物質を決定するプロセスは以下の 3 種類となります。

1．重要新規用途規則／届出　　Section 5（a）（1）（A）（ii）SNUR/SNUN
2．既存化学物質のリスク評価　Section 6（a）
3．PBT 物質　　　　　　　　　Section 6（h）

リスク評価を実施して規制物質を決定するプロセスが一番明確なのは、「2．既存化学物質のリスク評価　Section 6（a）」となります。

1．については厳密にいえば規制ではないかもしれませんし、物質指定のプロセスは明らかではないと思われます。また、3．についてもリスク評価を実施して決定するということは表明されていますが、リスク評価のプロセスの詳細がわかりません。

したがって、ここでは 2．を中心に紹介したいと思います。

2016年改正で既存化学物質のリスク評価プロセスとして、高優先評価化学物質と低優先化学物質を選定して優先順位付けをし、このうち、高優先評価化学物質のリスク評価を実施することが法制化されました。次図におおよそのプロセスを示します。

物質を選定して1.優先順位付け、2.リスク評価の実施、3.リスク管理への移行と 3 つの段階が示されています。

米国 TSCA のリスクの判断基準としては、かねてよりキーワード「unrea-

119

図表3-11　リスク評価全体の流れ

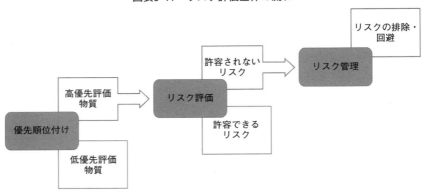

出典：EPA ウェブサイト「Risk Evaluations for Existing Chemicals under TSCA」を基に筆者作成。
https://www.epa.gov/assessing-and-managing-chemicals-under-tsca/risk-evaluations-existing-chemicals-under-tsca

sonable risk」が標榜されてきていますが、2016年改正でもこのキーワードは受け継がれており、リスク評価の結果、「unreasonable risk」があるとされた化学物質については、リスク管理の実施、具体的には規制物質として取り扱うことが示されました。

　１.優先順位付けと２.リスク評価のプロセスを以下に示します。
　優先順位付け、リスク評価ともに、その特徴としてはパブリックコメントの回数の多さと期間と考えられます。

１．優先順位付けプロセス
　優先順位付け⇒（90日間パブコメ）⇒レビューと優先指定提案⇒（90日間パブコメ）⇒優先指定最終決定　合計180日間
２．リスク評価プロセス
　評価計画書⇒（45日間パブコメ）⇒最終評価計画書⇒（リスク評価実施）⇒リスク評価書案⇒（60日間パブコメ）⇒リスク評価書効果　合計105日間

第3章 化学物質管理規則による規制物質の指定

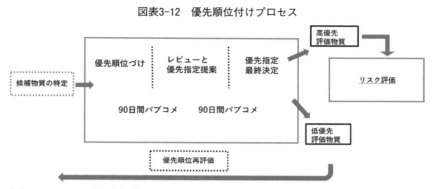

図表3-12　優先順位付けプロセス

出典：EPA ウェブサイト「Prioritization of Existing Chemicals Under TSCA」を基に筆者作成。
https://www.epa.gov/assessing-and-managing-chemicals-under-tsca/prioritization-existing-chemicals-under-tsca

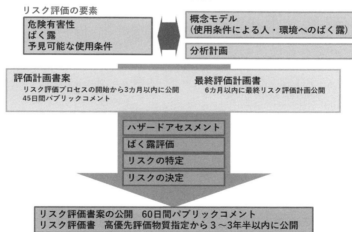

図表3-13　リスク評価プロセス

出典：EPA ウェブサイト「Risk Evaluations for Existing Chemicals under TSCA」を基に筆者作成。
https://www.epa.gov/assessing-and-managing-chemicals-under-tsca/risk-evaluations-existing-chemicals-under-tsca

121

総計285日間と、ほぼ半年の期間をパブコメに費やすこととなっています。

　現状の高優先評価物質の情報ついては、EPA ウェブサイトにまとまった情報が、物質ごとのステータスを含み、発信されています。ステータスはリスク評価の5段階と法制化段階の2段階が示されています。

〈参考〉
EPA ウェブサイト「Ongoing and Completed Chemical Risk Evaluations under TSCA」
https://www.epa.gov/assessing-and-managing-chemicals-under-tsca/ongoing-and-completed-chemical-risk-evaluations-under

【リスク評価　5段階のステータス】
1．"Initiated" 開始
2．"Draft Scope"　評価計画書案（パブコメ）
3．"Final Scope"　最終評価計画書
4．"Draft risk evaluation"　リスク評価書案（パブコメ）
5．"Final risk evaluation"　リスク評価書公表（完了）

【法制化　2段階のステータス】
1．法案　Proposed risk management rule
2．法案成立　Final risk management rule

　次の表はステータス表から1－ブロモプロパンと塩化メチレンについて、抜粋して示したものです。

第3章　化学物質管理規則による規制物質の指定

図表3-14　1－ブロモプロパンと塩化メチレンのステータス

Chemical Name	CASRN	Chemical Group	Status
1-Bromopropane	106-94-5	Solvents	Final risk evaluation (August 2020), Proposed risk management rule (July 2024)
Methylene Chloride	75-09-2	Solvents	Final risk evaluation (June 2020), Final risk management rule (April 2024)

出典：EPA ウェブサイト「Ongoing and Completed Chemical Risk Evaluations under TSCA」を基に筆者作成。
https://www.epa.gov/assessing-and-managing-chemicals-under-tsca/ongoing-and-com
pleted-chemical-risk-evaluations-under

　これによれば1－ブロモプロパンは法案提出、塩化メチレンは法案が成立して規制物質となったことがわかります。

　塩化メチレンはCFR（Code of Federal Regulation）で40 CFR Subpart B Methylene Chloride として掲載されています。

〈参考〉

・eCFR ウェブサイト

https://www.ecfr.gov/current/title-40/chapter-I/subchapter-R/part-751/subpart-B

　ちなみに、「40 CFR」の「CFR」は連邦法そのものではなく、行政府による規則で、「40」はEPA の所管であることを示しており、日本でいえば政省令のような取扱いです。

123

Q68

規制物質への対応を早めに開始したいと考えています。どの程度早めることができるでしょうか。

Answer

代替物質準備などには、最終製品の信頼性評価の確認まで必要なので、規制が開始されてから対応するのでは、法令で示される猶予期間（定められた場合）では足りない状況もあり得ると思われます。

法令を定める場合は、少なくとも日欧米ならば、法令案の提示、意見募集、法令の公布、法令の施行の段階があり、法令案の提示から施行まで早くて半年～1年程度は想定できるでしょう。

また、法令案が提示されるさらに前段階で、候補物質のリスク評価とその結果が検討されることが通常で、このプロセスも公開されていることが多いため、さらに1年程度の前倒しができる可能性もあります。

以上のように受動的に情報を取得することは最低限必要なアクションになると思われますが、さらに能動的なアクションとしては、意見募集の際には意見提出をしてその形成に参加していく等が考えられます。

EUではREACH規則の制限物質としてPFASを指定する法令案が提出され、その内容が日常生活や企業活動に大きな影響を及ぼすことが予想されたため、通常は多くても50件程度である提出意見は、同法令案に対しては5,600件を超えるものになりました。工業団体等が指導的立場を取って積極的に関与したということもあり、意見募集という制度に対する喚起にもなったと思われます。

今後、より一般的に規制に対応する手段の1つとして認識されたと考えられます。

第 3 章　化学物質管理規則による規制物質の指定

Q69

規制物質に対して設定される、各国のばく露許容量はどのような
ものがあるでしょうか。

Ⓐnswer

日欧米で取り扱われるばく露許容量は以下の通りです。

日本：公益社団法人日本産業衛生学会　許容濃度

労働者の健康障害を予防するための手引きに用いられることを目的とし、日
本産業衛生学会が勧告する許容濃度です。

EU：DNEL（Derived No-Effect Level）　導出無影響量

DNEL は EU REACH 規則で法定されたもので（EU REACH 規則附属書 I
1.0.1）、NOAEL（No Observed Adverse Effect Level：有害影響が認められ
なかった最大投与量）を不確実係数で割ったものです。不確実係数は使用方法
などによります。不確実係数が大きいほど不安全な使用方法となります。

米国：TLV（Threshold Limit Values）

ACGIH（American Conference of Governmental Industrial Hygienists：米
国産業衛生専門家会議）が公表している化学物質の許容濃度値を指します。

職場で使用等する化学物質のリスク管理の際に、ばく露許容量は必須データ
となります。また、米国は、TLV が利用可能な場合は SDS に記載することを
義務としています。

125

Q70

　EU の今後の化学物質管理は、どのような方向性になるでしょうか。

Ⓐnswer

　2015年に EU は循環型経済パッケージを公表しましたが、この中に化学物質管理政策も重要な柱として位置付けられています。

　循環型経済政策の中で、1つの中心的な役割を果たすであろうエコデザイン規則が提案する、デジタル製品パスポート（DPP：Digital Product Passport）は集約された情報提供手段として1つの目玉となりそうです。これを下支えする基礎的な知見、データの供給元としても化学物質管理は増々必要とされるでしょう。

　化学物質管理政策としては2006年に EU REACH 規則が登場して、既存化学物質の「登録」という名の下に利害関係者が参加したデータ取得とリスク評価がルール化され、その期限として設定された2018年までにこれが一巡したと見ることができます。個別の化学物質のリスク（ここではハザード、用途、ばく露の総合的な情報を意味する）を把握する段階が一通り終了し、現在はその次段階として「登録」によって取得された情報をベースにして必要に応じて規制物質を指定して「制限」「認可」などに適用することに軸足を移してきたと思われます。これが端的に表れたのがビスフェノール類のグループ評価結果の公表といえるでしょう。

　次の図は EU の化学物質管理施策の推移を表したものですが、化学物質のライフステージに沿って時系列的に施策の範囲を拡大してきています。2020年以降 CLP 規則のポイズンセンター届出の刷新や廃棄物管理の観点から、SVHC

126

である CLS を把握管理するための SCIP データベースの構築と運用の開始に見られるように、その施策は消費製品への展開や廃棄段階にまで至っています。この2つの施策がともに共通しているのは「REACH 規則の成果を市民に還元して必要なデータに容易にアクセスできる」ようにしていること、すなわち「Public Access（パブリックアクセス）」です。DPP についてもパブリックアクセスの考え方を拡大するものとして捉えることができ、EU 政策の方向性を示す1つのキーワードになるのではないでしょうか。

図表3-15　EU 化学物質管理施策　Public Access への展開

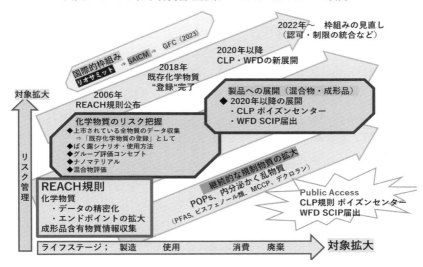

Q71

最近の規制物質の例について教えてください。

Answer

1. 化審法（第二種特定化学物質の指定）

2024年9月、「α-（ノニルフェニル）-ω-ヒドロキシポリ（オキシエチレン）（別名ポリ（オキシエチレン）＝アルキルフェニルエーテル（アルキル基の炭素数が9のものに限る。））」（NPE）が化審法の第二種特定化学物質に指定されました（施行は2025年4月1日）。

第二種特定化学物質の特徴は、「その有する性状及びその製造、輸入、使用等の状況からみて相当広範な地域の環境において当該化学物質が相当程度残留しているか、又は近くその状況に至ることが確実であると見込まれること」（化審法第2条第3項抜粋）とされており、化審法に取り込まれた「予防原則」の考え方を表しているといえるでしょう。

これを根拠とした具体的な規制措置として、必要に応じて製造・輸入の予定数量の変更命令を発することができること、技術指針を公表しこれに従った取扱い及び政令指定製品の表示等を求めることができることが定められています。

第二種特定化学物質に指定されたNPEについてもこれらの措置が課されています。

第3章　化学物質管理規則による規制物質の指定

図表3-16　NPE 製造者または輸入者の義務

・事前の製造または輸入予定数量、事後の実績数量の届出の義務（化審法第35条）」
・NPE 及び NPE を含有する水系洗浄剤を取り扱う事業者の義務
・取扱いに係る技術上の指針の遵守（化審法第36条）
・環境の汚染を防止するための措置等に関する表示（化審法第37条等）

出典：経済産業省ウェブサイト「NPE の第二種特定化学物質への指定について」を基に
筆者作成。
https://www.meti.go.jp/policy/chemical_management/kasinhou/information/NPE_
risk_assessment.html

　以下に、第一種特定化学物質と第二種特定化学物質を定義する化審法の条文
を引用しますが、ハザード管理とリスク管理の考え方が表れていると考えられ
ます。

図表3-17　第一種特定化学物質の定義（抜粋）

第2条（定義等）
2　この法律において「第一種特定化学物質」とは、次の各号のいずれかに該当する
　化学物質で政令で定めるものをいう。
　一　イ及びロに該当するものであること。
　　イ　自然的作用による化学的変化を生じにくいものであり、かつ、生物の体内に
　　　蓄積されやすいものであること。
　　ロ　次のいずれかに該当するものであること。
　　（1）継続的に摂取される場合には、人の健康を損なうおそれがあるものであ
　　　　ること。
　　（2）継続的に摂取される場合には、高次捕食動物（生活環境動植物（その生
　　　　息又は生育に支障を生ずる場合には、人の生活環境の保全上支障を生ずるお
　　　　それがある動植物をいう。以下同じ。）に該当する動物のうち、食物連鎖を通
　　　　じてイに該当する化学物質を最もその体内に蓄積しやすい状況にあるものを
　　　　いう。以下同じ。）の生息又は生育に支障を及ぼすおそれがあるものであるこ
　　　　と。
　二　当該化学物質が自然的作用による化学的変化を生じやすいものである場合には、
　　自然的作用による化学的変化により生成する化学物質（元素を含む。）が前号イ
　　及びロに該当するものであること。

129

図表3-18　第二種特定化学物質の定義（抜粋）

第2条（定義等）

3　この法律において「第二種特定化学物質」とは、次の各号のいずれかに該当し、かつ、その有する性状及びその製造、輸入、使用等の状況からみて相当広範な地域の環境において当該化学物質が相当程度残留しているか、又は近くその状況に至ることが確実であると見込まれることにより、人の健康に係る被害又は生活環境動植物の生息若しくは生育に係る被害を生ずるおそれがあると認められる化学物質で政令で定めるものをいう。

一　イ又はロのいずれかに該当するものであること。

　　イ　継続的に摂取される場合には人の健康を損なうおそれがあるもの（前項第一号に該当するものを除く。）であること。

　　ロ　当該化学物質が自然的作用による化学的変化を生じやすいものである場合には、自然的作用による化学的変化により生成する化学物質（元素を含む。）がイに該当するもの（自然的作用による化学的変化を生じにくいものに限る。）であること。

二　イ又はロのいずれかに該当するものであること。

　　イ　継続的に摂取され、又はこれにさらされる場合には生活環境動植物の生息又は生育に支障を及ぼすおそれがあるもの（前項第一号に該当するものを除く。）であること。

　　ロ　当該化学物質が自然的作用による化学的変化を生じやすいものである場合には、自然的作用による化学的変化により生成する化学物質（元素を含む。）がイに該当するもの（自然的作用による化学的変化を生じにくいものに限る。）であること。

2．PFAS（Per- and Polyfluoroalkyl Substances）

　PFAS は、ほぼ有機フッ素化合物全般を指す物質群ですが、欧米を中心に規制の方向性が強く打ち出されています。有機フッ素化合物は、工業上はもちろん日常生活上でもあまねく使用されているもので、撥水性と撥油性を同時に兼ね備える性状を持つ等、他の化合物では得られない特徴が代替を困難なものにしています。

3．EU の PFAS 規制の状況

　2023年1月に EU REACH 規則での制限案が提案されており、現時点でも最終的な施行に向かって調整が続いています。制限案の詳細は省きますが、あらゆる使用用途を厳しく規制しようとするものであり、法案に対しては5,600件（筆者の感触ですが、通常の制限物質制定時の少なくとも100倍以上の数です）を超えるパブリックコメントが寄せられました。

　パブリックコメントの内容の大部分は、代替困難と思われる使用用途に対する適用除外を求めるものとなりましたが、これは当局の呼びかけもあってのことです。

　法案の内容は、まず PFAS 全体の製造等を禁止・制限し、必要不可欠な用途（エッセンシャルユース）に対して適用除外を設けるものですが、有機フッ素化合物の汎用性が高いためもあってか、法案を提出する行政側では使用用途の全体を把握しきれない状況の中で法案提出がされており、法案提出後に適用除外を検討するための情報収集をパブリックコメントに負っていると捉えることもできる状況です。適用除外の申請手段としてパブリックコメントが利用されているような様相を呈しているといえるでしょう。

　2023年3月22日〜9月25日にパブリックコメントが募集され、2024年3月から、意見の整理と用途ごとに適用除外の検討が開始されましたが、現時点（2024年11月）でもこれが継続されており、通常の EU　REACH 規則の制限物質指定の立法プロセスとしてイレギュラーなものになっているのが実態です。「予防原則」を重視するあまり、立法前に考慮すべき社会経済性が相当程度以上に損なわれているのではないかと思われます。それでも相当な力業で立法を推し進めていると感じます。

　「予防原則」の適用範囲やその逸脱・濫用について、改めて議論が俟たれる時期なのかもしれません。

４．米国の PFAS 規制の状況

　米国においては、2019年に PFAS に対するアクションプランを公表しており、主なマイルストーンは以下の通りです。

2019年２月14日：アクションプランの提案（2020年２月更新）

2021年４月27日：PFAS に関する評議会を設立（New Council on PFAS）し "PFAS 2021-2025 - Safeguarding America's Waters, Air and Land," の策定計画を公表

2021年10月18日：PFAS 戦略ロードマップの公表

2023年12月：PFAS の進捗状況に関する第２年度年次報告書を発表

2024年11月：PFAS の進捗状況に関する第３年度年次報告書を発表

〈参考〉

・EPA ウェブサイト「EPA Administrator Regan Establishes New Council on PFAS」

https://www.epa.gov/newsreleases/epa-administrator-regan-establishes-new-council-pfas

・EPA ウェブサイト「PFAS Strategic Roadmap: EPA's Commitments to Action 2021-2024」

https://www.epa.gov/pfas/pfas-strategic-roadmap-epas-commitments-action-2021-2024

　現時点での規制措置は特に水質に対するものが先行しており、連邦法による工業製品の製造や製品含有等に対する規制措置は、PFAS 戦略ロードマップに従って着実に進められている印象です。全体としてみれば、現時点では規制前の調査段階で、実際の規制は2025年以降になると思われます。

　なお、一部の州では州法による規制措置が開始されている状況です。

第 3 章　化学物質管理規則による規制物質の指定

【PFAS 戦略ロードマップに示されたアクションプラン】
■有害化学物質汚染対策（小項目は米国 TSCA に係る項目）
・レビュープロセスの確立
・使用方法とばく露の確認（2022年夏）
・PFAS 報告ルールの策定（2022年春）
・Section 8に基づく最終報告ルールの公表（2022年冬）
■水質保全
■土地及び緊急事態管理
■大気と放射線
■研究開発
■部署横断的プログラム

　水質、土壌、大気の保全、特に水質に対して緊急に規制措置を進めている印象ですが、米国は、安全な水源の確保については伝統的にセンシティブなので、このような状況は筆者としては納得できるものです。

5．フェノール、イソプロピル化リン酸塩（3：1）（PIP（3：1））
　米国 TSCA は、米国における有害な化学物質による人の健康または環境への影響の不当なリスクを防止することを目的とした法律で、化学物質の登録、リスク評価、安全管理等が規定されていることはすでに説明した通りです。

　2016年 6 月に The Frank R. Lautenberg Chemical Safety for the 21st Century Act により改正されていますが、改正された TSCA のセクション 6 は「化学物質及び混合物の優先順位付け、リスク評価及び規制」について定めるもので、その中で（h）項は難分解性、生体内蓄積性及び毒性のある化学物質について記述されています。これは2014年の TSCA ワーク計画でリストされた物質について2016年 6 月22日（改正 TSCA 施行日）から 3 年以内に、人の健康及び環境影響リスク低減のために最終規則を提案することとされていたも

133

のですが、一部の物質の最終規則が決定に至ったのは、以下に示すように最近のこととなりました。

　EPA は2019年7月29日にフェノール、イソプロピル化リン酸塩（3：1）（PIP（3：1））を含む5物質の規制案を、2020年12月に最終規則を公表しました。2021年1月6日に公布され2021年3月8日に施行されましたが、PIP（3：1）に係る一部項目の施行は2022年3月8日まで延長されました。この事態は適用除外を受けられなかった利害関係者の要望によるものと見ることもでき、公布・施行前の行政側の使用実態調査（リスク評価と社会経済性に関する）が不十分であった可能性や規制措置のプロセスに対する当該利害関係者の認識不足も原因として推測されます。

〈参考〉
・EPA ウェブサイト「EPA Announces Plan for New Rulemaking on PBT Chemicals, Extends Existing Compliance Date to Protect Supply Chains」
https://www.epa.gov/chemicals-under-tsca/epa-announces-plan-new-rulemaking-pbt-chemicals-extends-existing-compliance

　その後、さらに2024年10月31日までの一部項目は施行延期となりましたが、全体としては公布と同時に発効し暫定的な施行・運用がなされていました。

　2024年10月31日以降は、特定の用途での加工及び流通に関する段階的禁止事項及び除外事項を修正された最終規則が公布され、暖房、換気、空調、冷蔵、給湯機器、発電機器、実験室機器、商用電子機器、半導体産業で使用される製造機器を含む、製造機器に使用される一部の成形品の遵守日がさらに延長されています。

〈参考〉

・EPA ウェブサイト「Persistent, Bioaccumulative, and Toxic（PBT）Chemicals under TSCA Section 6（h）」

https://www.epa.gov/assessing-and-managing-chemicals-under-tsca/persistent-bioaccumulative-and-toxic-pbt-chemicals-under

6．まとめ

　NPE（日本）、PFAS（EU、米国）、PIP（3：1）（米国）の規制について概観しましたが、欧米においては「予防原則」の過度な適用の可能性や、利害関係者との連携不足などによって、規制物質の設定について支障をきたしている事態があるといってもよいかもしれません。「予防原則」については導入当初、その逸脱・濫用が危惧されていたこともあり、リスク管理をベースとする規制枠組みが運用され、ある程度の実績が積み上がってきた現時点において、その適用範囲や適切な運用について再度の議論が俟たれる状況が近づいているのかもしれません。

〈参考〉

・環境省ウェブサイト「環境政策における予防的方策・予防原則のあり方に関する研究会報告書　資料14：予防原則 Q&A（（社）日本化学工業協会）」

https://www.env.go.jp/policy/report/h16-03/mat14.pdf

・環境省ウェブサイト「予防的な取組方法に関する国内外の考え方」

https://www.env.go.jp/chemi/communication/seisakutaiwa/dialogue/03/mat01_1.pdf

・環境省ウェブサイト「化学物質と環境円卓会議（第8回）議事録」

https://www.env.go.jp/chemi/entaku/kaigi08/gijiroku.html

・経済産業省ウェブサイト「経済産業省委託事業　令和5年度化学物質規制対策（改正化審法の施行状況等を踏まえた化学物質管理制度のあり方等に関する調査事業）報告書　令和6年2月　株式会社三菱ケミカルリサーチ　別添

資料 2 『経済産業省化審法施行状況検討委員会報告書　令和 6 年 1 月　経済産業省化審法施行状況検討委員会』

https://www.meti.go.jp/meti_lib/report/2023FY/000077.pdf

※なお、上記には「本検討委員会において、化審法ではリスクベースできちんと化学物質管理ができていることをもっと発信していくべき、生態リスクにおける『動植物に広範に影響を及ぼす』状態や必要な予防的な措置に関する一定のコンセンサスを取るための議論が必要、といった意見があった。」という記述がある。

〈参考情報〉

【日米欧の主な所管官庁】

■日本

・経済産業省「化学物質管理」

https://www.meti.go.jp/policy/chemical_management/index.html

・環境省「保健・化学物質対策」

https://www.env.go.jp/chemi/

■欧州連合（EU）

・ECHA（European Chemicals Agency）

https://echa.europa.eu/

■米国

・U.S. Environmental Protection Agency

https://www.epa.gov/

【日米欧　化学物質インベントリ】

　化学物質のインベントリはインターネット上に公開されています。日米欧の主なものを以下に挙げます。

■日本

・NITE-CHRIP（NITE 化学物質総合情報提供システム）

https://www.chem-info.nite.go.jp/chem/chrip/chrip_search/systemTop

※利用の際には FAQ をご確認ください。

〈NITE-CHIRP FAQ〉

https://www.chem-info.nite.go.jp/chem/chrip/chrip_search/html/FAQ.html

■欧州連合（EU）

・Advanced search for Chemicals

　https://echa.europa.eu/advanced-search-for-chemicals?p_p_id=dissad

　vancedsearch_WAR_disssearchportlet&p_p_lifecycle= 0

■米国

・TSCA Chemical Substance Inventory

　https://www.epa.gov/tsca-inventory

索　引

〔アルファベット〕

ACGIH ………………………… 125
CAS 番号 ………………………… 21
CDR 届出 ………………………… 28
CFR ……………………………… 123
chemSHERPA …………………… 73
CLP 規則 …………………… 59, 60
CLS ……… 32, 69, 71, 72, 74, 81, 85, 86
CMR ……………………………… 88
CSR（化学品安全報告書）……… 28
DNEL …………………………… 125
EUH コード ………………… 59, 60
EU 域内輸入者 ………………… 65
GHS ……………………………… 57
IMDS …………………………… 73
MITI 番号 ……………………… 37
PFOA …………………………… 20
Public Access ………………… 127
RAC …………………………… 116
REACH 規則 …… 2, 9, 13, 15, 18, 43, 126
REACH 規則前文（16）………… 69
REACH 規則前文（29）………… 69
REACH 規則附属書 II …………… 60
SCIP データベース …………… 127
SDS ……………………… 9, 57, 58, 67
SEAC …………………………… 116
SIEF …………………………… 53, 54
SNUR …………………………… 93
SVHC ……………………… 32, 81, 114

TLV …………………………… 125
TSCA ………………… 9, 18, 43, 92
TSCA Section 13 ………………… 63
unreasonable risk ……………… 119
UVCB ………………………… 36, 41
WFD …………………………… 86

〔あ〕

安全データシート（SDS）………… 5
意見募集 ………………………… 124
維持管理 …………………………… 28
異性体 …………………………… 39
一般化学物質届出 ……………… 28
一般消費者 ……………………… 34
一般消費製品 …………………… 85
意図的放出物 ……………… 15, 71
引火性 …………………………… 62
インベントリ ……… 18, 19, 22, 26, 36

〔か〕

海外製造者 ……………………… 65
化学品輸入認証 ………………… 63
化学物質 ………………… 12, 13, 16
化学物質の特定方法 …………… 19
化審法 ……… 2, 9, 18, 43, 94, 95, 110
化審法施行令に定められた製品……… 96
化審法番号 ……………………… 37
川下使用者 …………………… 65, 66
官報公示整理番号 ……………… 37
含有 …………………………… 100

含有している有害化学物質········· 15, 71

危険有害性··············31

危険有害性クラス··············106

既存化学物質··············18, 24

許容濃度··············125

組込み··············100

グループ名··············90

公用語··············58

混合物··············12, 14, 16, 61, 65

〔さ〕

サプライチェーン··············47, 61

サプライチェーンでの情報共有········71

残留性有機汚染物質··············108

社会経済性··············104, 105, 108, 115

受託製造··············47

使用··············100

情報開示··············85

使用方法··············31

使用用途··············28, 30, 53

少量新規化学物質··············42, 43

少量新規化学物質制度··············45, 55

新規化学物質··············18, 24

新規化学物質の登録··············26

スクリーニング評価··············111

ストックホルム条約（POPs条約）··· 108

3R··············8, 10

成形品··············10, 12, 15, 16, 92, 95

成形品内部にある潤滑油··············80

成形品の定義··············70, 102

成形品への変換工程··············16

制限物質··············88, 114, 115

製造··············47

生体蓄積性··············110

製品··············95

成分情報··············61

全成分を把握··············63

総称名··············90

〔た〕

第一種特定化学物質··············96, 108, 109

代替物質··············105, 124

第二種特定化学物質··············96, 112

代理人制度··············49, 51

高懸念物質··············81

多成分系物質··············36, 39

立て分け··············78

単一物質··············36

締約国会議··············108

データ取得··············46

データ取得コスト··············26

データ整備··············54

適用除外··············56

適用範囲外··············56

伝達されるべき情報··············34

登録··············18, 126

「登録」手続きが完了··············42

届出免除··············74

〔な〕

難分解性··············110

認可··············81

認可対象候補物質··············81, 114

認可対象物質··············114

〔は〕

廃棄物枠組み指令··············86

ばく露限界値··············30

腐食性‥‥‥‥‥‥‥‥‥‥‥‥‥‥‥ *62*

附属書 XIV ‥‥‥‥‥‥‥‥‥‥‥ *114*

附属書 XV ‥‥‥‥‥‥‥‥‥‥‥ *115*

物質の組み込み‥‥‥‥‥‥‥‥ *83*

分母‥‥‥‥‥‥‥‥‥‥‥‥‥ *74, 75*

変換‥‥‥‥‥‥‥‥‥‥‥‥‥‥‥ *10*

変換工程‥‥‥‥‥‥‥‥‥‥ *33, 75*

〔や〕

唯一代理人‥‥‥‥‥‥‥ *51, 65, 66*

輸入‥‥‥‥‥‥‥‥‥‥‥‥‥‥‥ *47*

輸入者‥‥‥‥‥‥‥‥‥‥‥ *47, 63*

予備登録‥‥‥‥‥‥‥‥‥‥‥‥ *54*

予防的アプローチ（Precautionary
Approach）‥‥‥‥‥‥‥ *104, 108*

〔ら〕

ライフステージ‥‥‥‥‥ *7, 11, 12, 16*

リオ宣言第15原則‥‥‥‥‥‥‥ *108*

リサイクル‥‥‥‥‥‥‥‥‥‥‥‥ *8*

リスク‥‥‥‥‥‥‥‥‥‥‥‥‥ *115*

リスクアセスメント‥‥‥‥ *9, 30, 31*

リスク管理‥‥‥‥‥‥ *2, 9, 31, 53*

リスク評価‥‥‥‥‥‥ *53, 105, 111*

リデュース‥‥‥‥‥‥‥‥‥‥‥‥ *8*

リユース‥‥‥‥‥‥‥‥‥‥‥‥‥ *8*

〔わ〕

枠組みにあてはめる‥‥‥‥‥‥‥ *6*

141

〈著者略歴〉

林　宏（はやし　ひろし）
さがみ化学物質管理株式会社　代表取締役

化学メーカーで主に半導体関連の素材・材料の研究開発に従事。
2007年、ヨーロッパ系第三者認証機関でアジアパシフィック地域統括者として REACH
規則対応ビジネスを構築。
2009年9月1日、さがみ化学物質管理ワークス設立。
2013年1月1日、さがみ化学物質管理株式会社として法人化。

〈執筆等〉
『改訂版　はじめての人でもよく解る！　やさしく学べる化学物質管理の法律』（第一法
規、2023年）
『World Eco Scope』（第一法規）相談室回答者。
『月刊化学物質管理』（情報機構）「質問箱」を創刊以来連載中。
化学物質管理に関するセミナーなど多数。

ますます複雑・巨大化する化学物質管理規則対処のための、わかりやすい解説を目指し
ています。

サービス・インフォメーション
━━ 通話無料 ━━
①商品に関するご照会・お申込みのご依頼
　　　　TEL 0120(203)694／FAX 0120(302)640
②ご住所・ご名義等各種変更のご連絡
　　　　TEL 0120(203)696／FAX 0120(202)974
③請求・お支払いに関するご照会・ご要望
　　　　TEL 0120(203)695／FAX 0120(202)973

●フリーダイヤル(TEL)の受付時間は、土・日・祝日を除く
　9：00～17：30です。
●FAXは24時間受け付けておりますので、あわせてご利用ください。

化学物質管理担当者のための
海外製品環境規制対応の実務 Q&A

2025年2月5日　初版発行

著　者　林　宏

発行者　田　中　英　弥

発行所　第一法規株式会社
　　　　〒107-8560　東京都港区南青山2-11-17
　　　　ホームページ　https://www.daiichihoki.co.jp/

化学物質 Q&A　ISBN978-4-474-04044-1　C2051　(4)